# ÁLGEBRA LINEAR

inter
saberes

# ÁLGEBRA LINEAR

*Luana Fonseca Duarte Fernandes*

3ª edição

Rua Clara Vendramin, 58 – Mossunguê
CEP 81200-170 – Curitiba – PR – Brasil
Fone: (41) 2106-4170
www.intersaberes.com
editora@intersaberes.com

**Conselho editorial**
Dr. Alexandre Coutinho Pagliarini
Drª Elena Godoy
Dr. Neri dos Santos
Mª Maria Lúcia Prado Sabatella

**Editora-chefe**
Lindsay Azambuja

**Gerente editorial**
Ariadne Nunes Wenger

**Assistente editorial**
Daniela Viroli Pereira Pinto

**Edição de texto**
Monique Francis Fagundes Gonçalves

**Capa**
Sílvio Gabriel Spannenberg

**Projeto gráfico**
Sílvio Gabriel Spannenberg

**Adaptação do projeto gráfico**
Kátia Priscila Irokawa

**Diagramação**
Marcus Colete

**Iconografia**
Regina Claudia Cruz Prestes

Dados Internacionais de Catalogação na Publicação (CIP)
(Câmara Brasileira do Livro, SP, Brasil)

Fernandes, Luana Fonseca Duarte
 Álgebra linear / Luana Fonseca Duarte Fernandes. --
3. ed. -- Curitiba, PR : Editora Intersaberes, 2023.

 Bibliografia
 ISBN 978-85-227-0650-1

 1. Álgebra linear I. Título.

23-152459 CDD-512.5

Índices para catálogo sistemático:
1. Álgebra linear: Matemática 512.5

Eliane de Freitas Leite – Bibliotecária – CRB 8/8415

1 edição, 2016.
2ª edição, 2017.
3ª edição, 2023.
Foi feito o depósito legal.
Informamos que é de inteira responsabilidade da autora a emissão de conceitos.
Nenhuma parte desta publicação poderá ser reproduzida por qualquer meio ou forma sem a prévia autorização da Editora InterSaberes.
A violação dos direitos autorais é crime estabelecido na Lei n. 9.610/1998 e punido pelo art. 184 do Código Penal.

# Sumário

| | |
|---|---|
| 9 | *Apresentação* |
| 10 | *Organização didático-pedagógica* |

### 15 Capítulo 1 – Matrizes: tudo o que precisamos saber
- 16   1.1 Matrizes e suas propriedades
- 26   1.2 Operações com matrizes
- 39   1.3 Determinantes
- 56   1.4 Sistemas de equações lineares

### 73 Capítulo 2 – A descoberta dos espaços vetoriais
- 73   2.1 Espaços vetoriais
- 82   2.2 Subespaços vetoriais
- 96   2.3 Bases

### 119 Capítulo 3 – Transformações lineares
- 119   3.1 Definição
- 123   3.2 Composição de transformações lineares
- 124   3.3 Núcleo e imagem
- 130   3.4 A matriz de uma transformação linear

### 143 Capítulo 4 – Produto interno
- 143   4.1 O produto interno ou produto escalar
- 150   4.2 Processo de ortogonalização de Gram-Schmidt
- 152   4.3 A transformação adjunta
- 155   4.4 Isometrias

### 161 Capítulo 5 – Desvendando operadores
- 161   5.1 Operadores lineares
- 165   5.2 Operadores lineares especiais

### 175 Capítulo 6 – O encanto das formas quadráticas
- 175   6.1 Formas bilineares
- 178   6.2 Formas quadráticas
- 182   6.3 Cônicas e quádricas

191 *Considerações finais*
192 *Referências*
193 *Bibliografia comentada*
194 *Respostas*
197 *Sobre a autora*

*Para Gilberto e Luísa.*

# Apresentação

A álgebra linear é uma parte de grande importância em matemática, pois está presente em diversas áreas, como engenharias, computação, física e economia. Os requisitos básicos para a leitura deste livro são os conteúdos de matemática do ensino médio e de geometria analítica. A obra apresenta os principais conteúdos de álgebra linear que fundamentam e auxiliam para estudos mais avançados em campos como computação gráfica, sistemas dinâmicos, circuitos elétricos, fluxo de trânsito, balanceamento de equações químicas, entre outros. Com os temas, exercícios e atividades expostos neste livro, você terá conhecimento para desenvolver, estudar e ensinar assuntos relacionados à álgebra linear, por exemplo, o ensino de matrizes e sistemas, geometria, cálculo e análise. A álgebra linear consiste em estudar e generalizar propriedades geométricas e algébricas que valem para conjuntos estritos, fazendo-os valer para conjuntos mais gerais.

Neste livro, utilizaremos uma linguagem simples, clara e objetiva para escrever e explicar os assuntos, sem abandonar o rigor matemático envolvido. A utilização de exemplos e exercícios resolvidos foi feita para auxiliar na compreensão dos conteúdos. No final de cada capítulo, há atividades que visam avaliar a compreensão teórica do assunto e outros para aplicar os conceitos aprendidos.

No primeiro capítulo estudaremos matrizes, determinantes e sistemas lineares, que são a base para o entendimento da álgebra linear e são encontrados em diversos problemas práticos e relacionados às engenharias. No segundo capítulo estudaremos sobre espaços vetoriais que irão nos acompanhar até o capítulo final, bem como os conceitos de base, mudança de base e dependência linear. No terceiro capítulo, apresentaremos as transformações lineares, que nos acompanharão nos capítulos seguintes. No quarto capítulo, veremos os diversos produtos internos e, por meio dos conceitos apresentados, definiremos norma, distância e ângulos. No penúltimo capítulo, apresentamos um tipo especial de transformação linear: os operadores lineares e a relação com determinadas matrizes. Encerraremos a obra com os exemplos de formas bilineares e quadráticas e suas representações matriciais.

Esperamos que os temas abordados e as atividades propostas contribuam para a formação dos futuros professores e que este livro seja uma fonte de pesquisa, estudo e base para aprofundamento de conteúdos e aplicação em diversas áreas contempladas.

# ORGANIZAÇÃO DIDÁTICO-PEDAGÓGICA

Este livro traz alguns recursos que visam enriquecer o seu aprendizado, facilitar a compreensão dos conteúdos e tornar a leitura mais dinâmica. São ferramentas projetadas de acordo com a natureza dos temas que vamos examinar. Veja a seguir como esses recursos se encontram distribuídos no decorrer desta obra.

## Introdução do capítulo

Logo na abertura do capítulo, você é informado a respeito dos conteúdos que nele serão abordados, bem como dos objetivos que o autor pretende alcançar.

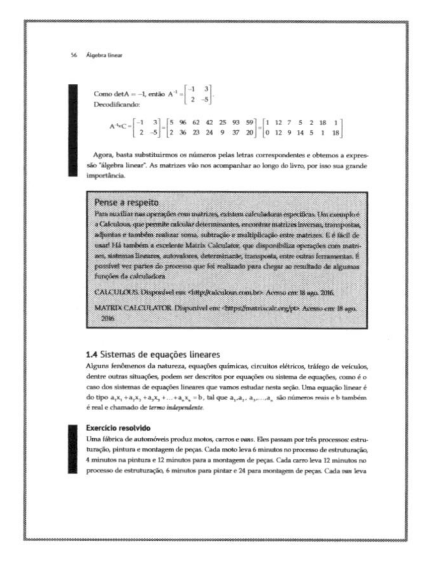

## Pense a respeito

Aqui você encontra reflexões que fazem um convite à leitura, acompanhadas de uma análise sobre o assunto.

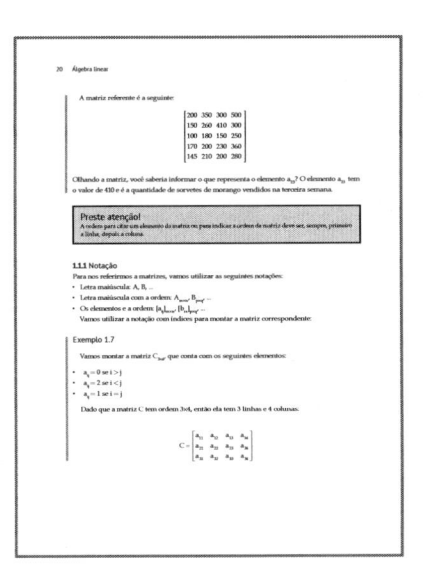

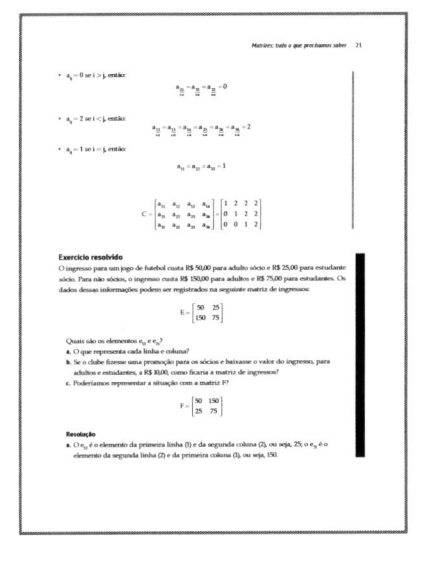

## Preste atenção!

Nestes boxes, você confere informações complementares a respeito do assunto que está sendo tratado.

## Exercício resolvido

Nesta seção a proposta é acompanhar passo a passo a resolução de alguns problemas mais complexos que envolvem o assunto do capítulo.

## Atividades de autoavaliação

Com estas questões objetivas, você tem a oportunidade de verificar o grau de assimilação dos conceitos examinados, motivando-se a progredir em seus estudos e a se preparar para outras atividades avaliativas.

## Atividades de aprendizagem

Aqui você dispõe de questões cujo objetivo é levá-lo a analisar criticamente determinado assunto e aproximar conhecimentos teóricos e práticos.

## Atividade aplicada: prática

Nesta seção, a proposta é levá-lo a refletir criticamente sobre alguns assuntos e trocar ideias e experiências com seus pares.

As matrizes serão utilizadas em vários capítulos deste livro, desse modo, entende-las e saber trabalhar com elas são requisitos indispensáveis para nossos estudos sobre álgebra linear. Por esse motivo, vamos iniciar apresentando os itens mais importantes sobre o assunto: as operações, os tipos e as propriedades de matrizes, os determinantes, o escalonamento e a resolução de sistemas lineares utilizando matrizes. Não se preocupe, até o final do capítulo você saberá tudo o que precisa sobre o assunto!

# 1
## Matrizes: tudo o que precisamos saber

Para darmos início aos estudos, vamos ver um pouco sobre a história das matrizes. Aproximadamente no ano de 2500 a.C., em um livro chinês de arte matemática que apresentava diversos problemas relacionados a impostos, agricultura e terras, entre outros, foram utilizadas tabelas para resolver um desses problemas, sem que fosse desenvolvido o assunto ou utilizada a palavra *matriz*. Apesar de a palavra *matriz* ter sido usada em 1850 por James Joseph Sylvester (1814-1897) como auxiliar nos estudos de determinantes, a teoria das matrizes tem sua origem em 1855 em um artigo em que Arthur Cayley (1821-1895) escreveu que, apesar de, pela lógica, a ideia de matriz vir antes da ideia de determinante, o que aconteceu historicamente foi o contrário (Kilhian, 2010a; Eves, 2011).

> ### Pense a respeito
> Arthur Cayley nasceu em 1821 na cidade de Richmond, Surrey, e estudou no Trinity College, Cambridge. Por alguns anos, dedicou-se ao estudo e à prática do direito, mas não deixou de estudar matemática. Em 1863, passou a ocupar uma cadeira de Matemática Pura em Cambrigde, abandonando a área jurídica e dedicando-se totalmente à matemática. Ele está entre os três escritores da área com mais produções em todos os campos (Kilhian, 2010a).

Cayley estudava transformações lineares, as quais também iremos estudar neste capítulo. Entretanto, para que você compreenda melhor os estudos desse autor, vamos pensar no exemplo a seguir. Queremos levar um ponto de coordenadas (x,y) ao ponto de coordenadas $(x_1, y_1)$, com a seguinte relação:

$$\begin{cases} x_1 = ax + by \\ y_1 = cx + dy \end{cases}$$

Em que a, b, c, d são números reais. Para simplificar o sistema apresentado, Cayley utilizou a seguinte matriz:

$$\begin{bmatrix} a & b \\ c & d \end{bmatrix}$$

Desse modo, observando as transformações lineares escritas como matrizes, o estudioso obteve a matriz inversa e definiu o produto de matrizes. Mais tarde, em outro artigo, escreveu sobre adição de matrizes e multiplicação de matrizes por escalares (Kilhian, 2010a). Apesar de a descoberta de matrizes ter ocorrido após a descoberta de determinantes e sistemas, é com as primeiras que iniciaremos nossos estudos, pois servem de auxílio para o desenvolvimento dos conteúdos dos dois últimos, que vamos utilizar nos próximos capítulos.

## 1.1 Matrizes e suas propriedades

A palavra *matriz* significa, em matemática, "algo que gera ou determina algum resultado". Foi esse sentido que Sylvester atribuiu ao termo, pois representava sistemas e gerava determinantes. A matriz é uma tabela com dados colocados em linhas (horizontais) e colunas (verticais), que auxiliam em muitas situações do nosso cotidiano. Com certeza você já montou ou já viu alguma matriz, por exemplo, em listas de nomes de alunos e suas respectivas notas, de preços de serviços, de resultados de campeonatos, em bancos, de distâncias entre capitais, em tabelas de valor do dólar, entre outras aplicações.

### Exemplo 1.1

Uma escola obteve o seguinte resultado em um campeonato de futebol:

| Time | Empates | Vitórias | Derrotas |
|---|---|---|---|
| Azul | 1 | 2 | 0 |
| Vermelho | 0 | 1 | 2 |
| Verde | 1 | 1 | 1 |
| Amarelo | 2 | 0 | 1 |

Podemos reduzir a tabela para a seguinte matriz, em que as linhas são referentes aos times, e as colunas, à quantidade de empates, vitórias e derrotas:

$$\begin{bmatrix} 1 & 2 & 0 \\ 0 & 1 & 2 \\ 1 & 1 & 1 \\ 2 & 0 & 1 \end{bmatrix}$$

A matriz tem 4 linhas e 3 colunas. As linhas da matriz são (1 2 0), (0 1 2), (1 1 1) e (2 0 1).

As colunas são $\begin{pmatrix} 1 \\ 0 \\ 1 \\ 2 \end{pmatrix}, \begin{pmatrix} 2 \\ 1 \\ 1 \\ 0 \end{pmatrix}$ e $\begin{pmatrix} 0 \\ 2 \\ 1 \\ 1 \end{pmatrix}$.

## Exemplo 1.2

O gerente de uma empresa oferece café com bolachas aos funcionários; fez uma pesquisa de preços em três supermercados e obteve a seguinte tabela:

| Produto | Supermercado A ($) | Supermercado B ($) | Supermercado C ($) |
|---|---|---|---|
| Café | 7,0 | 6,8 | 7,1 |
| Açúcar | 2,7 | 3,0 | 2,8 |
| Bolacha salgada | 5,0 | 4,9 | 5,2 |
| Bolacha doce | 5,3 | 5,5 | 5,0 |

Podemos escrever a seguinte matriz dos preços, em que as linhas fazem referência ao preço por produto em cada supermercado e as colunas, ao preço de todos os produtos em cada supermercado pesquisado:

$$\begin{bmatrix} 7,0 & 6,8 & 7,1 \\ 2,7 & 3,0 & 2,8 \\ 5,0 & 4,9 & 5,2 \\ 5,3 & 5,5 & 5,0 \end{bmatrix}$$

Por exemplo, a primeira linha refere-se aos preços do café no supermercado A, B e C, respectivamente. A primeira coluna indica os preços dos produtos no supermercado A.

## Exemplo 1.3

Vamos considerar que você é professor e, para compor a nota de um bimestre, aplicou 4 trabalhos — 3 com valor de 2,0 pontos cada e 1 com valor de 4,0 pontos. Seus alunos tiveram as notas indicadas a seguir:

| Alunos | Trabalho 1 Valor 2,0 | Trabalho 2 Valor 2,0 | Trabalho 3 Valor 2,0 | Trabalho 4 Valor 4,0 |
|---|---|---|---|---|
| Aluno A | 1,0 | 1,5 | 1,8 | 3,0 |
| Aluno B | 1,5 | 2,0 | 1,6 | 3,8 |
| Aluno C | 1,7 | 2,0 | 2,0 | 4,0 |
| Aluno D | 1,2 | 1,0 | 1,5 | 2,0 |

*(continua)*

*(conclusão)*

| Alunos | Trabalho 1 Valor 2,0 | Trabalho 2 Valor 2,0 | Trabalho 3 Valor 2,0 | Trabalho 4 Valor 4,0 |
|---|---|---|---|---|
| Aluno E | 0,5 | 1,3 | 2,0 | 2,5 |
| Aluno F | 0,9 | 1,0 | 1,7 | 3,2 |

Como ficaria a matriz dos valores? Você provavelmente pensou na seguinte matriz:

$$\begin{bmatrix} 1,0 & 1,5 & 1,8 & 3,0 \\ 1,5 & 2,0 & 1,6 & 3,8 \\ 1,7 & 2,0 & 2,0 & 4,0 \\ 1,2 & 1,0 & 1,5 & 2,0 \\ 0,5 & 1,3 & 2,0 & 2,5 \\ 0,9 & 1,0 & 1,7 & 3,2 \end{bmatrix}$$

Está correto! E o que representa cada linha? E cada coluna? Cada linha representa as notas de determinado aluno em cada trabalho. Cada coluna representa as notas de todos os alunos por trabalho.

### Exemplo 1.4

As matrizes auxiliam quando temos muitas variáveis para analisar e trabalhar. Elas podem ser formadas por números reais, números complexos, funções ou outras matrizes.

A matriz B é formada por funções trigonométricas.

$$B = \begin{bmatrix} \operatorname{sen}(x) & 2\cos(x) \\ -\cos(x) & 2\operatorname{sen}(x) \end{bmatrix}$$

Agora que relacionamos tabelas com matrizes, vamos nomear alguns elementos das matrizes e aprender algumas notações.

Uma matriz com **m** linhas e **n** colunas pode ser escrita do seguinte modo:

$$A_{m \times n} = \begin{bmatrix} a_{11} & a_{12} & a_{13} & \cdots & a_{1n} \\ a_{21} & a_{22} & a_{23} & \cdots & a_{2n} \\ \vdots & & \ddots & & \vdots \\ a_{m1} & a_{m2} & a_{m3} & \cdots & a_{mn} \end{bmatrix} = \begin{bmatrix} a_{ij} \end{bmatrix}_{m \times n}$$

A **ordem** de uma matriz é m × n, que representa a quantidade de linhas e colunas, respectivamente. No primeiro exemplo (Exemplo 1.1), a ordem da matriz é 4 × 3 e a do Exemplo 1.3 é 6 × 4. Vamos denotar os elementos de uma matriz A por $a_{ij}$, em que i representa a linha e j representa a coluna na qual o elemento se encontra. Então, para fazer referência a determinado elemento da matriz, indicamos a linha e a coluna, nessa ordem, em que o item se localiza. Vejamos os exemplos:

## Exemplo 1.5
Considere a seguinte matriz:

$$A_{3\times2} = \begin{bmatrix} 2 & 1 \\ 6 & 3 \\ 5 & 0 \end{bmatrix}$$

O elemento da terceira linha e primeira coluna é $a_{31} = 5$. Então, o elemento da primeira linha e da primeira coluna é $a_{11} = 2$; da primeira linha e da segunda coluna é $a_{12} = 1$; da segunda linha e da primeira coluna é $a_{21} = 6$; da segunda linha e da segunda coluna é $a_{22} = 3$; da terceira linha e da segunda coluna é $a_{32} = 0$.

$$A_{3\times2} = \begin{bmatrix} 2 & 1 \\ 6 & 3 \\ 5 & 0 \end{bmatrix} = \begin{bmatrix} a_{11} & a_{12} \\ a_{21} & a_{22} \\ a_{31} & a_{32} \end{bmatrix}$$

Quando fazemos referência a um elemento, a ordem em que os números aparecem é importante. Dizer $a_{13}$ significa fazer referência ao elemento que está na primeira linha e na terceira coluna, diferentemente do elemento $a_{31}$, que representa o elemento que está na terceira linha e na primeira coluna.

## Exemplo 1.6
Uma sorveteria vendeu as seguintes quantidades de sorvetes durante as primeiras quatro semanas do verão:

| Sorvetes | Semanas | | | |
|---|---|---|---|---|
| | Primeira | Segunda | Terceira | Quarta |
| Chocolate | 200 | 350 | 300 | 500 |
| Morango | 150 | 260 | 410 | 300 |
| Creme | 100 | 180 | 150 | 250 |
| Flocos | 170 | 200 | 230 | 360 |
| Coco | 145 | 210 | 200 | 280 |

A matriz referente é a seguinte:

$$\begin{bmatrix} 200 & 350 & 300 & 500 \\ 150 & 260 & 410 & 300 \\ 100 & 180 & 150 & 250 \\ 170 & 200 & 230 & 360 \\ 145 & 210 & 200 & 280 \end{bmatrix}$$

Olhando a matriz, você saberia informar o que representa o elemento $a_{23}$? O elemento $a_{23}$ tem o valor de 410 e é a quantidade de sorvetes de morango vendidos na terceira semana.

> **Preste atenção!**
> A ordem para citar um elemento da matriz ou para indicar a ordem da matriz deve ser, sempre, primeiro a linha, depois a coluna.

### 1.1.1 Notação

Para nos referirmos a matrizes, vamos utilizar as seguintes notações:
- Letra maiúscula: A, B, ...
- Letra maiúscula com a ordem: $A_{m \times n}$, $B_{p \times q}$, ...
- Os elementos e a ordem: $[a_{ij}]_{m \times n}$, $[b_{rs}]_{p \times q}$, ...

Vamos utilizar a notação com índices para montar a matriz correspondente:

### Exemplo 1.7

Vamos montar a matriz $C_{3 \times 4}$, que conta com os seguintes elementos:
- $a_{ij} = 0$ se $i > j$
- $a_{ij} = 2$ se $i < j$
- $a_{ij} = 1$ se $i = j$

Dado que a matriz C tem ordem 3×4, então ela tem 3 linhas e 4 colunas:

$$C = \begin{bmatrix} a_{11} & a_{12} & a_{13} & a_{14} \\ a_{21} & a_{22} & a_{23} & a_{24} \\ a_{31} & a_{32} & a_{33} & a_{34} \end{bmatrix}$$

- $a_{ij} = 0$ se $i > j$, então:

$$a_{\underset{2>1}{21}} = a_{\underset{3>1}{31}} = a_{\underset{3>2}{32}} = 0$$

- $a_{ij} = 2$ se $i < j$, então:

$$a_{\underset{1<2}{12}} = a_{\underset{1<3}{13}} = a_{\underset{1<4}{14}} = a_{\underset{2<3}{23}} = a_{\underset{2<4}{24}} = a_{\underset{3<4}{34}} = 2$$

- $a_{ij} = 1$ se $i = j$, então:

$$a_{11} = a_{22} = a_{33} = 1$$

$$C = \begin{bmatrix} a_{11} & a_{12} & a_{13} & a_{14} \\ a_{21} & a_{22} & a_{23} & a_{24} \\ a_{31} & a_{32} & a_{33} & a_{34} \end{bmatrix} = \begin{bmatrix} 1 & 2 & 2 & 2 \\ 0 & 1 & 2 & 2 \\ 0 & 0 & 1 & 2 \end{bmatrix}$$

### Exercício resolvido

O ingresso para um jogo de futebol custa R$ 50,00 para adulto sócio e R$ 25,00 para estudante sócio. Para não sócios, o ingresso custa R$ 150,00 para adultos e R$ 75,00 para estudantes. Os dados dessas informações podem ser registrados na seguinte matriz de ingressos:

$$E = \begin{bmatrix} 50 & 25 \\ 150 & 75 \end{bmatrix}$$

Quais são os elementos $e_{12}$ e $e_{21}$?
a. O que representa cada linha e coluna?
b. Se o clube fizesse uma promoção para os sócios e baixasse o valor do ingresso, para adultos e estudantes, a R$ 10,00, como ficaria a matriz de ingressos?
c. Poderíamos representar a situação com a matriz F?

$$F = \begin{bmatrix} 50 & 150 \\ 25 & 75 \end{bmatrix}$$

### Resolução
a. O $e_{12}$ é o elemento da primeira linha (1) e da segunda coluna (2), ou seja, 25; o $e_{21}$ é o elemento da segunda linha (2) e da primeira coluna (1), ou seja, 150.

**b.** A primeira linha representa os valores do ingresso para sócios, a segunda, o valor para não sócios. A primeira coluna representa os valores dos ingressos para adultos e a segunda, para estudantes.

**c.** A matriz seria: $E = \begin{bmatrix} 10 & 10 \\ 150 & 75 \end{bmatrix}$

**d.** Poderíamos representar a situação com a matriz F, pois a primeira linha indicaria o preço dos ingressos para adultos, e a segunda linha, o preço do ingresso para estudantes. A primeira coluna apontaria o valor dos ingressos para sócios, e a segunda coluna, o valor dos ingressos para não sócios. Ainda, conseguimos interpretar linhas fazendo referência a uma propriedade comum (adultos na primeira e estudantes na segunda) e colunas (sócios na primeira e não sócios na segunda).

### 1.1.2 Tipos de matrizes

Agora que você consegue escrever e identificar uma matriz e interpretar os dados, vamos estudar alguns tipos de matrizes com nomes especiais que fazem referência à disposição ou ao tipo de elementos que as compõem.

#### 1.1.2.1 Matriz quadrada

A matriz cuja quantidade de linhas é igual à quantidade de colunas é chamada *matriz quadrada*. Uma matriz quadrada A com **m** linhas e **m** colunas é caracterizada como uma matriz que tem ordem **m**, sendo escrita do seguinte modo: $A_{m \times n}$.

$$A_{m \times m} = \begin{bmatrix} a_{11} & a_{12} & \cdots & a_{1m} \\ a_{21} & a_{22} & \cdots & a_{2m} \\ \vdots & \vdots & \ddots & \vdots \\ a_{m1} & a_{m2} & \cdots & a_{mm} \end{bmatrix}$$

Por exemplo, as matrizes $A_{2 \times 2}$ e $B_{3 \times 3}$ são quadradas, pois a matriz A tem 2 linhas e 2 colunas, a matriz B tem 3 linhas e 3 colunas, ou seja, ambas têm a mesma quantidade de linhas e colunas.

$$A_{2 \times 2} = \begin{bmatrix} 2 & 4 \\ 3 & 5 \end{bmatrix} \qquad B_{3 \times 3} = \begin{bmatrix} 1 & 3 & 5 \\ 2 & 4 & 6 \\ 0 & 1 & 7 \end{bmatrix}$$

Em uma matriz quadrada, temos a diagonal principal e a diagonal secundária, conforme os exemplos a seguir:

$$A_{2\times2} = \begin{bmatrix} 2 & 4 \\ 3 & 5 \end{bmatrix} \quad B_{3\times3} = \begin{bmatrix} 1 & 3 & 5 \\ 2 & 4 & 6 \\ 0 & 1 & 7 \end{bmatrix} \quad A_{2\times2} = \begin{bmatrix} 2 & 4 \\ 3 & 5 \end{bmatrix} \quad B_{3\times3} = \begin{bmatrix} 1 & 3 & 5 \\ 2 & 4 & 6 \\ 0 & 1 & 7 \end{bmatrix}$$

Diagonal principal  Diagonal principal  Diagonal secundária  Diagonal secundária

Também chamaremos a diagonal principal apenas de *diagonal*.

### 1.1.2.2 Matriz nula

A matriz que tem todos os seus elementos nulos é chamada *matriz nula*. Seja $A_{m\times n} = [a_{ij}]_{m\times n}$ uma matriz nula, então $a_{ij} = 0$ para todo i e para todo j. Vamos denotar por $O_{m\times n}$ a matriz nula, quando necessário.

$$O_{m\times n} = \begin{bmatrix} 0 & 0 \dots & 0 \\ 0 & 0 \dots & 0 \\ \vdots & \vdots \ddots & \vdots \\ 0 & 0 \dots & 0 \end{bmatrix}$$

Temos como exemplo as matrizes nulas de ordem $2 \times 3$ e $3 \times 3$, as quais são as seguintes:

$$O_{2\times3} = \begin{bmatrix} 0 & 0 & 0 \\ 0 & 0 & 0 \end{bmatrix} \qquad O_{3\times3} = \begin{bmatrix} 0 & 0 & 0 \\ 0 & 0 & 0 \\ 0 & 0 & 0 \end{bmatrix}$$

### 1.1.2.3 Matriz coluna

A matriz formada por uma única coluna é chamada de *matriz coluna*. Seja A uma matriz coluna, então sua ordem é do tipo $m\times 1$, e podemos escrever $A_{m\times 1}$.

$$A_{m\times 1} = \begin{bmatrix} a_{11} \\ a_{21} \\ a_{31} \\ \vdots \\ a_{m1} \end{bmatrix}$$

As matrizes apresentadas a seguir são do tipo matriz coluna, por terem apenas uma coluna.

$$A_{2\times 1} = \begin{bmatrix} 8 \\ 3 \end{bmatrix} \qquad B_{5\times 1} = \begin{bmatrix} 7 \\ 4 \\ 2 \\ 5 \\ 1 \end{bmatrix}$$

### 1.1.2.4 Matriz linha

A matriz formada por uma única linha é chamada de *matriz linha*. Seja A uma matriz linha, então sua ordem é do tipo 1×n, e podemos escrever $A_{1 \times n}$.

$$A_{1 \times n} = \begin{bmatrix} a_{11} & a_{12} & a_{13} & \cdots & a_{1n} \end{bmatrix}$$

As matrizes A e B, expressas a seguir, têm apenas uma linha. Portanto, são exemplos de matriz linha.

$$A_{1 \times 3} = \begin{bmatrix} 0 & 3 & 1 \end{bmatrix} \qquad B_{1 \times 2} = \begin{bmatrix} 2 & 1 \end{bmatrix}$$

### 1.1.2.5 Matriz diagonal

A matriz **quadrada** que tem os elementos acima e abaixo da diagonal iguais a 0 é chamada *matriz diagonal*. Seja $A_{m \times n} = [a_{ij}]_{m \times n}$ uma matriz diagonal, então $a_{ij} = 0$ para $i \neq j$:

$$A_{m \times n} = \begin{bmatrix} a_{11} & 0 & 0 & \cdots & 0 \\ 0 & a_{22} & 0 & \cdots & 0 \\ 0 & 0 & a_{33} & \cdots & 0 \\ \vdots & \vdots & \vdots & \ddots & \vdots \\ 0 & 0 & 0 & \cdots & a_{mn} \end{bmatrix}$$

As matrizes quadradas A e B, indicadas a seguir, são exemplos de matrizes do tipo diagonal.

$$A_{2 \times 2} = \begin{bmatrix} 1 & 0 \\ 0 & -3 \end{bmatrix} \qquad B_{3 \times 3} = \begin{bmatrix} 2 & 0 & 0 \\ 0 & 4 & 0 \\ 0 & 0 & 3 \end{bmatrix}$$

Na matriz $A_{2 \times 2}$, para $i \neq j$ temos $a_{12} = a_{21} = 0$, por isso ela é diagonal. Na matriz $B_{3 \times 3}$, para $i \neq j$ temos, $b_{12} = b_{13} = b_{21} = b_{23} = b_{31} = b_{32} = 0$; por esse motivo, ela também é uma matriz diagonal.

### 1.1.2.6 Matriz identidade

A matriz diagonal cujos elementos da diagonal são todos 1 é chamada *matriz identidade*. Seja $A_{m \times n} = [a_{ij}]_{m \times n}$ uma matriz identidade, então $a_{ij} = 0$ para $i \neq j$ e $a_{ij} = 1$ para $i = j$. Vamos denotar por $I_{m \times m}$ a matriz identidade de ordem m.

$$I_{m \times m} = \begin{bmatrix} 1 & 0 & \cdots & 0 \\ 0 & 1 & \cdots & 0 \\ \vdots & \vdots & \ddots & \vdots \\ 0 & 0 & \cdots & 1 \end{bmatrix}$$

As seguintes matrizes são do tipo identidade.

$$I_{3\times 3} = \begin{bmatrix} 1 & 0 & 0 \\ 0 & 1 & 0 \\ 0 & 0 & 1 \end{bmatrix} \qquad I_{2\times 2} = \begin{bmatrix} 1 & 0 \\ 0 & 1 \end{bmatrix}$$

Na matriz $I_{3\times 3}$, para $i \neq j$, temos $a_{12} = a_{13} = a_{21} = a_{23} = a_{31} = a_{32} = 0$, e para $i = j$, temos $a_{11} = a_{22} = a_{33} = 1$; por isso é uma matriz identidade. Na matriz $I_{2\times 2}$, para $i \neq j$ temos $b_{12} = b_{21} = 0$ e para $i = j$ temos $b_{11} = b_{22} = 1$; também é uma matriz identidade.

**1.1.2.7** Matriz simétrica

Uma matriz quadrada $A_{m\times m} = [a_{ij}]_{m\times m}$, tal que $a_{ij} = a_{ji}$, é chamada de *matriz simétrica*.

Considere a matriz a seguir; ela é um exemplo de matriz simétrica:

$$A_{3\times 3} = \begin{bmatrix} 1 & 8 & -7 \\ 8 & 3 & 5 \\ -7 & 5 & 4 \end{bmatrix} = \begin{bmatrix} a_{11} & a_{12} & a_{13} \\ a_{21} & a_{22} & a_{23} \\ a_{31} & a_{32} & a_{33} \end{bmatrix}$$

Temos uma matriz $3 \times 3$, $a_{11} = a_{11}$, $a_{12} = a_{21}$, $a_{13} = a_{31}$, $a_{22} = a_{22}$, $a_{23} = a_{32}$ e $a_{33} = a_{33}$.

A simetria acontece em relação à diagonal da matriz; trata-se de uma reflexão em torno da diagonal.

$$\begin{bmatrix} 1 & 8 & -7 \\ 8 & 3 & 5 \\ -7 & 5 & 4 \end{bmatrix}$$

**1.1.2.8** Matriz triangular superior

Uma matriz quadrada $A_{m\times m} = [a_{ij}]_{m\times m}$ uma, tal que $a_{ij} = 0$ para $i > j$, é chamada de *matriz triangular superior*.

No exemplo a seguir temos uma matriz de ordem $4 \times 4$, $a_{21} = a_{31} = a_{32} = a_{41} = a_{42} = a_{43} = 0$:

$$A_{4\times 4} = \begin{bmatrix} a_{11} & a_{12} & a_{13} & a_{14} \\ a_{21} & a_{22} & a_{23} & a_{24} \\ a_{31} & a_{32} & a_{33} & a_{34} \\ a_{41} & a_{42} & a_{43} & a_{44} \end{bmatrix} = \begin{bmatrix} 1 & 3 & 12 & 0 \\ 0 & 4 & 9 & 10 \\ 0 & 0 & 2 & 5 \\ 0 & 0 & 0 & 7 \end{bmatrix}$$

**1.1.2.9** Matriz triangular inferior

Uma matriz quadrada $A_{m\times m} = [a_{ij}]_{m\times m}$, tal que $a_{ij} = 0$ para $i < j$, é chamada de *matriz triangular inferior*. Por exemplo:

$$A_{3\times 3} = \begin{bmatrix} a_{11} & a_{12} & a_{13} \\ a_{21} & a_{22} & a_{23} \\ a_{31} & a_{32} & a_{33} \end{bmatrix} = \begin{bmatrix} 3 & 0 & 0 \\ 8 & 5 & 0 \\ 12 & 0 & 10 \end{bmatrix}$$

## 1.2 Operações com matrizes

Antes de iniciar os estudos sobre as operações com matrizes, é necessário compreender a igualdade entre matrizes.

### 1.2.1 Igualdade entre matrizes

- Duas matrizes $A_{m\times n}$ e $B_{p\times q}$ são iguais se elas têm o mesmo número de linhas, $m = p$, e o mesmo número de colunas, $n = q$, e todos os seus elementos correspondentes são iguais, ou seja, $a_{ij} = b_{ij}$.

### Exemplo 1.8

Considere as seguintes matrizes A e B dadas a seguir; demonstraremos que elas são iguais:

$$A = \begin{bmatrix} 2 & 8 \\ 0 & 3 \end{bmatrix} \quad B = \begin{bmatrix} 2e^0 & 2^3 \\ \text{sen}(0°) & 3 \end{bmatrix}$$

- $a_{11} = 2 = 2\,e^0 = b_{11}$
- $a_{12} = 8 = 2^3 = b_{12}$
- $a_{21} = 0 = \text{sen}(0°) = b_{21}$
- $a_{22} = 3 = 3 = b_{22}$

### Exercício resolvido

Considere as seguintes matrizes:

$$A = \begin{bmatrix} 1 & 2 & 3 \\ 4 & 5 & 6 \end{bmatrix} \quad B = \begin{bmatrix} 1 & 4 \\ 2 & 5 \\ 3 & 6 \end{bmatrix} \quad C = \begin{bmatrix} 1+x & 2 & 6 \\ 0 & y & 7 \\ -4 & 8 & 10-z \end{bmatrix} \quad D = \begin{bmatrix} 3 & 2 & t+2 \\ 0 & 1 & 7 \\ u+3 & 8 & 12 \end{bmatrix}$$

**a.** Determine se as matrizes A e B são iguais.

**b.** Determine os valores de x, y, z, t e u para que as matrizes C e D sejam iguais.

**Resolução**

**a.** As matrizes A e B não são iguais, pois a matriz A tem ordem $2 \times 3$, diferentemente da ordem da matriz B, que é $3 \times 2$.

**b.** Para que as matrizes C e D sejam iguais, é preciso que elas tenham a mesma ordem e todos os elementos correspondentes, que estão na mesma posição, devem ser iguais. Então:

$$1 + x = 3$$
$$t + 2 = 6$$
$$y = 1$$
$$-4 = u + 3$$
$$10 - z = 12$$

Logo, $x = 2$, $t = 4$, $y = 1$, $u = -7$ e $z = -2$.

Compreendida a igualdade entre matrizes, vamos iniciar as operações com matrizes. Você aprenderá soma de matriz, multiplicação por escalar e multiplicação entre matrizes.

### 1.2.2 Soma de matrizes

Considere as matrizes $A_{m \times n}$ e $B_{p \times q}$. Para fazer a soma $A_{m \times n} + B_{p \times q}$, é preciso que $m = p$ e $n = q$, e os elementos da matriz soma são a $a_{ij} + b_{ij}$.

$$A_{m \times n} = \begin{bmatrix} a_{11} & a_{12} & \cdots & a_{1n} \\ a_{21} & a_{22} & \cdots & a_{2n} \\ \vdots & \vdots & \ddots & \vdots \\ a_{m1} & a_{m1} & \cdots & a_{mn} \end{bmatrix}, B_{m \times n} = \begin{bmatrix} b_{11} & b_{12} & \cdots & b_{1n} \\ b_{21} & b_{22} & \cdots & b_{2n} \\ \vdots & \vdots & \ddots & \vdots \\ b_{m1} & b_{m1} & \cdots & b_{mn} \end{bmatrix}$$

$$A_{m \times n} + B_{m \times n} \begin{bmatrix} a_{11} + b_{11} & a_{12} + b_{12} & \cdots & a_{1n} + b_{1n} \\ a_{21} + b_{21} & a_{22} + b_{22} & \cdots & a_{2n} + b_{2n} \\ \vdots & \vdots & \ddots & \vdots \\ a_{m1} + b_{m1} & a_{m2} + b_{m2} & \cdots & a_{mn} + b_{mn} \end{bmatrix}$$

### Exemplo 1.9

Vamos voltar ao exemplo da sorveteria. A tabela a seguir mostra as vendas nas quatro primeiras semanas do verão:

| Sorvetes | Semanas | | | |
|---|---|---|---|---|
| | Primeira | Segunda | Terceira | Quarta |
| Chocolate | 200 | 350 | 300 | 500 |
| Morango | 150 | 260 | 410 | 300 |
| Creme | 100 | 180 | 150 | 250 |

*(continua)*

*(conclusão)*

| Sorvetes | Semanas | | | |
|---|---|---|---|---|
| | Primeira | Segunda | Terceira | Quarta |
| Flocos | 170 | 200 | 230 | 360 |
| Coco | 145 | 210 | 200 | 280 |

A próxima tabela mostra as vendas nas quatro primeiras semanas do verão do ano seguinte:

| Sorvetes | Semanas | | | |
|---|---|---|---|---|
| | Primeira | Segunda | Terceira | Quarta |
| Chocolate | 250 | 405 | 340 | 510 |
| Morango | 130 | 290 | 380 | 360 |
| Creme | 115 | 150 | 180 | 220 |
| Flocos | 190 | 230 | 200 | 340 |
| Coco | 130 | 205 | 250 | 300 |

Vamos montar a tabela que representa a quantidade de cada sabor vendido nas quatro primeiras semanas do verão dos dois anos:

| Sorvetes | Primeira semana dos dois anos | Segunda semana dos dois anos | Terceira semana dos dois anos | Quarta semana dos dois anos |
|---|---|---|---|---|
| Chocolate | 450 | 755 | 640 | 1.010 |
| Morango | 280 | 550 | 790 | 660 |
| Creme | 215 | 330 | 330 | 470 |
| Flocos | 360 | 430 | 430 | 700 |
| Coco | 275 | 415 | 450 | 580 |

Agora que aprendemos a somar matrizes, vamos além. Como você poderia simplificar a conta A + A + A + A, tal que A é uma matriz? Por exemplo, se:

$$A = \begin{bmatrix} 1 & 2 & 3 \\ 4 & 5 & 6 \end{bmatrix}$$

É possível simplificar a soma A + A + A + A? Sim: resultaria em 4A = A + A + A + A. Vejamos:

$$\begin{bmatrix} 1 & 2 & 3 \\ 4 & 5 & 6 \end{bmatrix} + \begin{bmatrix} 1 & 2 & 3 \\ 4 & 5 & 6 \end{bmatrix} + \begin{bmatrix} 1 & 2 & 3 \\ 4 & 5 & 6 \end{bmatrix} + \begin{bmatrix} 1 & 2 & 3 \\ 4 & 5 & 6 \end{bmatrix}$$

$$= \begin{bmatrix} 1+1+1+1 & 2+2+2+2 & 3+3+3+3 \\ 4+4+4+4 & 5+5+5+5 & 6+6+6+6 \end{bmatrix} =$$

$$= \begin{bmatrix} 4 \cdot 1 & 4 \cdot 2 & 4 \cdot 3 \\ 4 \cdot 4 & 4 \cdot 5 & 4 \cdot 6 \end{bmatrix} = 4 \begin{bmatrix} 1 & 2 & 3 \\ 4 & 5 & 6 \end{bmatrix}$$

Observe que, como **todos** os elementos da matriz estão multiplicados por 4, podemos escrever 4A.

### 1.2.3 Produto de uma matriz por um escalar

Seja Am×n uma matriz e $\alpha$ um número real, o produto $\alpha A_{m \times n}$ é uma matriz de ordem m×n, tal que cada entrada é multiplicada por $\alpha$, ou seja, seus elementos são $\alpha a_{ij}$.

$$A_{m \times n} = \begin{bmatrix} a_{11} & a_{12} & \cdots & a_{1n} \\ a_{21} & a_{22} & \cdots & a_{2n} \\ \vdots & \vdots & \ddots & \vdots \\ a_{m1} & a_{m2} & \cdots & a_{mn} \end{bmatrix} \qquad \alpha A_{m \times n} = \begin{bmatrix} \alpha a_{11} & \alpha a_{12} & \cdots & \alpha a_{1n} \\ \alpha a_{21} & \alpha a_{22} & \cdots & \alpha a_{2n} \\ \vdots & \vdots & \ddots & \vdots \\ \alpha a_{m1} & \alpha a_{m2} & \cdots & \alpha a_{mn} \end{bmatrix}$$

## Exemplo 1.10

Vamos voltar aos dados do segundo exemplo deste capítulo (Exemplo 1.2), sobre a empresa que oferece café com bolachas aos funcionários. O gerente fez uma pesquisa de preços em três supermercados e obteve a seguinte tabela:

| Produtos | Supermercado A | Supermercado B | Supermercado C |
|---|---|---|---|
| Café | 7,0 | 6,8 | 7,1 |
| Açúcar | 2,7 | 3,0 | 2,8 |
| Bolacha salgada | 5,0 | 4,9 | 5,2 |
| Bolacha doce | 5,3 | 5,5 | 5,0 |

Suponha agora que houve uma grande crise e todos os produtos tiveram seus preços dobrados. Temos, então, a nova tabela:

| Produtos | Supermercado A | Supermercado B | Supermercado C |
|---|---|---|---|
| Café | 14,0 | 13,6 | 14,2 |
| Açúcar | 5,4 | 6,0 | 5,6 |
| Bolacha salgada | 10,0 | 9,8 | 10,4 |
| Bolacha doce | 10,6 | 11,0 | 10,0 |

Vamos observar as matrizes referentes à primeira e à segunda situação:

$$A = \begin{bmatrix} 7,0 & 6,8 & 7,1 \\ 2,7 & 3,0 & 2,8 \\ 5,0 & 4,9 & 5,2 \\ 5,3 & 5,5 & 5,0 \end{bmatrix} \qquad 2A = \begin{bmatrix} 14,0 & 13,6 & 14,2 \\ 5,4 & 6,0 & 5,6 \\ 10,0 & 9,8 & 10,4 \\ 10,6 & 11,0 & 10,0 \end{bmatrix}$$

Para obtermos a segunda matriz, multiplicamos cada um dos valores por 2, pois todos os preços dobraram. À multiplicação de um valor por todos os elementos da matriz chamamos de *multiplicação de um escalar por uma matriz*. No exemplo em questão, só pudemos multiplicar porque **todos** os produtos tiveram a mesma proporção de aumento.

> **Preste atenção!**
> A palavra *escalar* se refere a números reais ou complexos, porém vamos utilizá-la para tratar de números reais, apesar de ela valer para os números complexos.

### Propriedades

Sejam as matrizes $A = A_{m \times n}$, $B = B_{m \times n}$, $C = C_{m \times n}$ e a matriz nula $O = O_{m \times n}$, e os escalares $\alpha$ e $\beta$, temos:

- $A + B = B + A$, propriedade comutativa;
- $(A + B) + C = A + (B + C)$, propriedade associativa.
- $A + O = A$, a matriz nula O é o elemento neutro da adição;
- $\alpha (A + B) = \alpha A + \alpha B$;
- $(\alpha + \beta) A = \alpha A + \beta A$;
- $\alpha (\beta A) = (\alpha \beta) A$.

### Exemplo 1.11

Considere as matrizes A, B e C. Vamos verificar as propriedades apresentadas:

$$A = \begin{bmatrix} 1 & 3 & 0 \\ 2 & 4 & -2 \end{bmatrix} \quad B = \begin{bmatrix} 0 & 5 & 2 \\ -1 & 6 & 3 \end{bmatrix} \quad C = \begin{bmatrix} 2 & -3 & 5 \\ 0 & -4 & 1 \end{bmatrix}$$

- Propriedade comutativa:

$$A + B = \begin{bmatrix} 1 & 3 & 0 \\ 2 & 4 & -2 \end{bmatrix} + \begin{bmatrix} 0 & 5 & 2 \\ -1 & 6 & 3 \end{bmatrix} = \begin{bmatrix} 1 & 8 & 2 \\ 1 & 10 & 1 \end{bmatrix}$$

$$B + A = \begin{bmatrix} 0 & 5 & 2 \\ -1 & 6 & 3 \end{bmatrix} + \begin{bmatrix} 1 & 3 & 0 \\ 2 & 4 & -2 \end{bmatrix} = \begin{bmatrix} 1 & 8 & 2 \\ 1 & 10 & 1 \end{bmatrix}$$

Logo, $A + B = B + A$.

- Propriedade associativa:

$$(A+B)+C = \left( \begin{bmatrix} 1 & 3 & 0 \\ 2 & 4 & -2 \end{bmatrix} + \begin{bmatrix} 0 & 5 & 2 \\ -1 & 6 & 3 \end{bmatrix} \right) + \begin{bmatrix} 2 & -3 & 5 \\ 0 & -4 & 1 \end{bmatrix} =$$

$$\begin{bmatrix} 1 & 8 & 2 \\ 1 & 10 & 1 \end{bmatrix} + \begin{bmatrix} 2 & -3 & 5 \\ 0 & -4 & 1 \end{bmatrix} = \begin{bmatrix} 3 & 5 & 7 \\ 1 & 6 & 2 \end{bmatrix}$$

$$A+(B+C) = \begin{bmatrix} 1 & 3 & 0 \\ 2 & 4 & -2 \end{bmatrix} + \left( \begin{bmatrix} 0 & 5 & 2 \\ -1 & 6 & 3 \end{bmatrix} + \begin{bmatrix} 2 & -3 & 5 \\ 0 & -4 & 1 \end{bmatrix} \right) =$$

$$\begin{bmatrix} 1 & 3 & 0 \\ 2 & 4 & -2 \end{bmatrix} + \begin{bmatrix} 2 & 2 & 7 \\ -1 & 2 & 4 \end{bmatrix} = \begin{bmatrix} 3 & 5 & 7 \\ 1 & 6 & 2 \end{bmatrix}$$

Portanto, $(A + B) + C = A + (B + C)$.

- Elemento neutro da adição:

$$A + O = \begin{bmatrix} 1 & 3 & 0 \\ 2 & 4 & -2 \end{bmatrix} + \begin{bmatrix} 0 & 0 & 0 \\ 0 & 0 & 0 \end{bmatrix} = \begin{bmatrix} 1 & 3 & 0 \\ 2 & 4 & -2 \end{bmatrix}$$

Temos que $A + O = A$.

- Seja $\alpha = 3$, temos:

$$\alpha(A+B) = 3 \left( \begin{bmatrix} 1 & 3 & 0 \\ 2 & 4 & -2 \end{bmatrix} + \begin{bmatrix} 0 & 5 & 2 \\ -1 & 6 & 3 \end{bmatrix} \right) = 3 \begin{bmatrix} 1 & 8 & 2 \\ 1 & 10 & 1 \end{bmatrix} = \begin{bmatrix} 3 & 24 & 6 \\ 3 & 30 & 3 \end{bmatrix}$$

$$\alpha A + \alpha B = 3 \begin{bmatrix} 1 & 3 & 0 \\ 2 & 4 & -2 \end{bmatrix} + 3 \begin{bmatrix} 0 & 5 & 2 \\ -1 & 6 & 3 \end{bmatrix} = \begin{bmatrix} 3 & 9 & 0 \\ 6 & 12 & -6 \end{bmatrix} + \begin{bmatrix} 0 & 15 & 6 \\ -3 & 18 & 9 \end{bmatrix} = \begin{bmatrix} 3 & 24 & 6 \\ 3 & 30 & 3 \end{bmatrix}$$

Temos que $\alpha(A + B) = \alpha A + \alpha B$.

- Agora, seja $\alpha = 3$ e $\beta = 2$:

$$(\alpha + \beta)A = (3+2)A = 5A = 5 \begin{bmatrix} 1 & 3 & 0 \\ 2 & 4 & -2 \end{bmatrix} = \begin{bmatrix} 5 & 15 & 0 \\ 10 & 20 & -10 \end{bmatrix}$$

$$\alpha A + \beta A = 3\begin{bmatrix} 1 & 3 & 0 \\ 2 & 4 & -2 \end{bmatrix} + 2\begin{bmatrix} 1 & 3 & 0 \\ 2 & 4 & -2 \end{bmatrix} = \begin{bmatrix} 3 & 9 & 0 \\ 6 & 12 & -6 \end{bmatrix} + \begin{bmatrix} 2 & 6 & 0 \\ 4 & 8 & -4 \end{bmatrix} = \begin{bmatrix} 5 & 15 & 0 \\ 10 & 20 & -10 \end{bmatrix}$$

Portanto, $(\alpha + \beta)A = \alpha A + \beta A$.

- Ainda considerando $\alpha = 3$ e $\beta = 2$:

$$\alpha(\beta A) = 3\left(2\begin{bmatrix} 1 & 3 & 0 \\ 2 & 4 & -2 \end{bmatrix}\right) = 3\begin{bmatrix} 2 & 6 & 0 \\ 4 & 8 & -4 \end{bmatrix} = \begin{bmatrix} 6 & 18 & 0 \\ 12 & 24 & -12 \end{bmatrix}$$

$$(\alpha\beta)A = (2.3)A = 6A = 6\begin{bmatrix} 1 & 3 & 0 \\ 2 & 4 & -2 \end{bmatrix} = \begin{bmatrix} 6 & 18 & 0 \\ 12 & 24 & -12 \end{bmatrix}$$

Concluímos, então, que $\alpha(\beta A) = (\alpha\beta)A$.

Se temos as matrizes $A = \begin{bmatrix} 1 & 6 \\ 2 & 5 \\ 3 & 4 \end{bmatrix}$ e $B = \begin{bmatrix} 1 & 0 & 3 \\ 7 & 2 & 1 \end{bmatrix}$, você consegue realizar a soma $A + B$? Não é possível, pois as matrizes devem ter a mesma ordem!

> **Preste atenção!**
> As propriedades das operações de soma e multiplicação por escalar só valem para matrizes de mesma ordem; não podemos somar, por exemplo, uma matriz de ordem $2 \times 3$ com uma matriz de ordem $3 \times 3$.

## Exemplo 1.12

Vamos, agora, voltar ao exemplo de um campeonato de futebol de uma escola. A matriz referente aos jogos era a seguinte:

| Time | Vitórias | Empates | Derrotas |
|---|---|---|---|
| Azul | 1 | 2 | 0 |
| Vermelho | 0 | 1 | 2 |
| Verde | 1 | 1 | 1 |
| Amarelo | 2 | 0 | 1 |

Temos, então, a seguinte matriz dos jogos:

$$A = \begin{bmatrix} 1 & 2 & 0 \\ 0 & 1 & 2 \\ 1 & 1 & 1 \\ 2 & 0 & 1 \end{bmatrix}$$

Para cada tipo de resultado, foi atribuída a seguinte pontuação: 3 pontos por vitória, 1 por empate e 0 por derrota, os quais podemos representar pela seguinte tabela:

| Resultado | Pontos |
|---|---|
| Vitória | 3 |
| Empate | 1 |
| Derrota | 0 |

Podemos representar a tabela anterior com a seguinte matriz:

$$B = \begin{bmatrix} 3 \\ 1 \\ 0 \end{bmatrix}$$

A classificação é feita por meio do total de pontos que cada time conseguiu. Vamos obter os pontos de cada time:
- Azul: $1 \cdot 3 + 2 \cdot 1 + 0 \cdot 0 = 5$
- Vermelho: $0 \cdot 3 + 1 \cdot 1 + 2 \cdot 0 = 1$
- Verde: $1 \cdot 3 + 1 \cdot 1 + 1 \cdot 0 = 4$
- Amarelo: $2 \cdot 3 + 0 \cdot 1 + 1 \cdot 0 = 6$

A matriz do total de pontos é AB, o produto de A por B:

$$AB = \begin{bmatrix} 1 & 2 & 0 \\ 0 & 1 & 2 \\ 1 & 1 & 1 \\ 2 & 0 & 1 \end{bmatrix} \begin{bmatrix} 3 \\ 1 \\ 0 \end{bmatrix} = \begin{bmatrix} 1 \cdot 3 + 2 \cdot 1 + 0 \cdot 0 \\ 0 \cdot 3 + 1 \cdot 1 + 2 \cdot 0 \\ 1 \cdot 3 + 1 \cdot 1 + 1 \cdot 0 \\ 2 \cdot 3 + 0 \cdot 1 + 1 \cdot 0 \end{bmatrix} = \begin{bmatrix} 5 \\ 1 \\ 4 \\ 6 \end{bmatrix}$$

## Exemplo 1.13

Vamos voltar ao exemplo do café com bolachas de uma empresa. Temos a tabela com os preços dos produtos em três supermercados, com alguns valores alterados:

| Produto | Supermercado A | Supermercado B | Supermercado C |
|---|---|---|---|
| Café | 7,0 | 5,9 | 6,5 |
| Açúcar | 2,7 | 3,2 | 2,5 |
| Bolacha salgada | 5,0 | 6,0 | 7,0 |
| Bolacha doce | 5,3 | 6,2 | 4,1 |

Temos, então, a matriz:

$$A = \begin{bmatrix} 7,0 & 5,9 & 6,5 \\ 2,7 & 3,2 & 2,5 \\ 5,0 & 6,0 & 7,0 \\ 5,3 & 6,2 & 4,1 \end{bmatrix}$$

O gerente deve comprar 8 pacotes de café, 3 de açúcar, 12 de bolacha salgada e 10 de bolacha doce. Agora, vamos supor que uma segunda empresa também ofereça café com bolachas para os funcionários e que o gerente tenha feito a pesquisa de preços nos mesmos três supermercados que a empresa anterior; porém, o gerente da segunda empresa compra 5 pacotes de café, 2 de açúcar, 4 de bolacha salgada e 6 de bolacha doce.

Temos a seguinte tabela:

| Empresa | Café | Açúcar | Bolacha salgada | Bolacha doce |
|---|---|---|---|---|
| Empresa 1 | 8 | 3 | 12 | 10 |
| Empresa 2 | 5 | 2 | 4 | 6 |

A matriz correspondente é a seguinte:

$$B = \begin{bmatrix} 8 & 3 & 12 & 10 \\ 5 & 2 & 4 & 6 \end{bmatrix}$$

Vamos analisar qual dos três supermercados resulta no menor gasto para empresa 1:
- Supermercado A: 8 · 7,0 + 3 · 2,7 + 12 · 5,0 + 10 · 5,3 = 177,1
- Supermercado B: 8 · 5,9 + 3 · 3,2 + 12 · 6,0 + 10 · 6,2 = 190,8
- Supermercado C: 8 · 6,5 + 3 · 2,5 + 12 · 7,0 + 10 · 4,1 = 184,5

Para a empresa 2, temos:
- Supermercado A: 5 · 7,0 + 2 · 2,7 + 4 · 5,0 + 6 · 5,3 = 95,2
- Supermercado B: 5 · 5,9 + 2 · 3,5 + 4 · 6,0 + 6 · 6,2 = 97,1
- Supermercado C: 5 · 6,5 + 2 · 2,5 + 4 · 7,0 + 6 · 4,1 = 90,1

Podemos escrever as situações das duas empresas da seguinte maneira:

$$BA = \begin{bmatrix} 8 & 3 & 12 & 10 \\ 5 & 2 & 4 & 6 \end{bmatrix} \begin{bmatrix} 7{,}0 & 5{,}9 & 6{,}5 \\ 2{,}7 & 3{,}2 & 2{,}5 \\ 5{,}0 & 6{,}0 & 7{,}0 \\ 5{,}3 & 6{,}2 & 4{,}1 \end{bmatrix} =$$

$$= \begin{bmatrix} 8 \cdot 7{,}0 + 3 \cdot 2{,}7 + 12 \cdot 5{,}0 + 10 \cdot 5{,}3 & 8 \cdot 5{,}9 + 3 \cdot 3{,}2 + 12 \cdot 6{,}0 + 10 \cdot 6{,}2 & 8 \cdot 6{,}5 + 3 \cdot 2{,}5 + 12 \cdot 7{,}0 + 10 \cdot 4{,}1 \\ 5 \cdot 7{,}0 + 2 \cdot 2{,}7 + 4 \cdot 5{,}0 + 6 \cdot 5{,}3 & 5 \cdot 5{,}9 + 2 \cdot 3{,}2 + 4 \cdot 6{,}0 + 6 \cdot 6{,}2 & 5 \cdot 6{,}5 + 2 \cdot 2{,}5 + 4 \cdot 7{,}0 + 6 \cdot 4{,}1 \end{bmatrix}$$

$$= \begin{bmatrix} 177{,}1 & 190{,}8 & 184{,}5 \\ 95{,}2 & 97{,}1 & 90{,}1 \end{bmatrix}$$

Nos dois exemplos anteriores, realizamos a operação de multiplicação entre matrizes. No penúltimo exemplo, a matriz resultante da multiplicação de A por B, que chamaremos de $C = [c_{ij}]$, foi obtida da seguinte maneira:

- O elemento $c_{11}$ é o resultado da multiplicação da primeira linha com a primeira coluna, da maneira indicada a seguir:

$$c_{11} = a_{11}b_{11} + a_{12}b_{21} + a_{13}b_{31}$$

$$\begin{bmatrix} 1 & 2 & 0 \\ 0 & 1 & 2 \\ 1 & 1 & 1 \\ 2 & 0 & 1 \end{bmatrix} \begin{bmatrix} 3 \\ 1 \\ 0 \end{bmatrix} = \begin{bmatrix} 1 \cdot 3 & + & 2 \cdot 1 & + & 0 \cdot 0 \\ 0 \cdot 3 & + & 1 \cdot 1 & + & 2 \cdot 0 \\ 1 \cdot 3 & + & 1 \cdot 1 & + & 1 \cdot 0 \\ 2 \cdot 3 & + & 0 \cdot 1 & + & 1 \cdot 0 \end{bmatrix} = \begin{bmatrix} 5 \\ 1 \\ 4 \\ 6 \end{bmatrix}$$

- O elemento $c_{21}$ é o resultado da multiplicação da segunda linha com a primeira coluna. Observe:

$$c_{21} = a_{21}b_{11} + a_{22}b_{21} + a_{23}b_{31}$$

$$\begin{bmatrix} 1 & 2 & 0 \\ \boxed{0 \quad 1 \quad 2} \\ 1 & 1 & 1 \\ 2 & 0 & 1 \end{bmatrix} \begin{bmatrix} 3 \\ 1 \\ 0 \end{bmatrix} = \begin{bmatrix} 1\cdot 3 & + & 2\cdot 1 & + & 0\cdot 0 \\ \boxed{0\cdot 3 \quad + \quad 1\cdot 1 \quad + \quad 2\cdot 0} \\ 1\cdot 3 & + & 1\cdot 1 & + & 1\cdot 0 \\ 2\cdot 3 & + & 0\cdot 1 & + & 1\cdot 0 \end{bmatrix} = \begin{bmatrix} 5 \\ \boxed{1} \\ 4 \\ 6 \end{bmatrix}$$

- O elemento $c_{31}$ é o resultado da multiplicação da terceira linha com a primeira coluna:

$$c_{31} = a_{31}b_{11} + a_{32}b_{21} + a_{33}b_{31}$$

$$\begin{bmatrix} 1 & 2 & 0 \\ 0 & 1 & 2 \\ \boxed{1 \quad 1 \quad 1} \\ 2 & 0 & 1 \end{bmatrix} \begin{bmatrix} 3 \\ 1 \\ 0 \end{bmatrix} = \begin{bmatrix} 1\cdot 3 & + & 2\cdot 1 & + & 0\cdot 0 \\ 0\cdot 3 & + & 1\cdot 1 & + & 2\cdot 0 \\ \boxed{1\cdot 3 \quad + \quad 1\cdot 1 \quad + \quad 1\cdot 0} \\ 2\cdot 3 & + & 0\cdot 1 & + & 1\cdot 0 \end{bmatrix} = \begin{bmatrix} 5 \\ 1 \\ \boxed{4} \\ 6 \end{bmatrix}$$

- O elemento $c_{41}$ é o resultado da multiplicação da quarta linha com a primeira coluna:

$$c_{41} = a_{41}b_{11} + a_{42}b_{21} + a_{43}b_{31}$$

$$\begin{bmatrix} 1 & 2 & 0 \\ 0 & 1 & 2 \\ 1 & 1 & 1 \\ \boxed{2 \quad 0 \quad 1} \end{bmatrix} \begin{bmatrix} 3 \\ 1 \\ 0 \end{bmatrix} = \begin{bmatrix} 1\cdot 3 & + & 2\cdot 1 & + & 0\cdot 0 \\ 0\cdot 3 & + & 1\cdot 1 & + & 2\cdot 0 \\ 1\cdot 3 & + & 1\cdot 1 & + & 1\cdot 0 \\ \boxed{2\cdot 3 \quad + \quad 0\cdot 1 \quad + \quad 1\cdot 0} \end{bmatrix} = \begin{bmatrix} 5 \\ 1 \\ 4 \\ \boxed{6} \end{bmatrix}$$

Veja que é preciso que a quantidade de colunas da primeira matriz seja igual à quantidade de linhas da segunda, para que a multiplicação seja feita elemento a elemento. Observe que a multiplicação da matriz $A_{4\times 3}$ pela matriz $B_{3\times 1}$ resultou em uma matriz de ordem $4 \times 1$.

### 1.2.4 Multiplicação de matrizes

Sejam $A = [a_{ij}]_{m\times n}$ e $B = [b_{rs}]_{n\times p}$, o produto $AB = C = [c_{uv}]_{m\times p}$ é definido por:

$$AB_{m\times p} = [a_{ij}]_{m\times n}[b_{rs}]_{n\times p}$$

$$\begin{bmatrix} a_{11} & a_{12} & a_{13} & \cdots & a_{1n} \\ a_{21} & a_{21} & a_{21} & \cdots & a_{2n} \\ a_{31} & a_{31} & a_{31} & \cdots & a_{3n} \\ \vdots & \vdots & \vdots & \ddots & \vdots \\ a_{m1} & a_{m2} & a_{m3} & \cdots & a_{mn} \end{bmatrix} \begin{bmatrix} b_{11} & b_{12} & b_{13} & \cdots & b_{1p} \\ b_{21} & b_{21} & b_{21} & \cdots & b_{2p} \\ b_{31} & b_{31} & b_{31} & \cdots & b_{3p} \\ \vdots & \vdots & \vdots & \ddots & \vdots \\ b_{n1} & b_{n2} & b_{n3} & \cdots & b_{np} \end{bmatrix}$$

$$=\begin{bmatrix} c_{11} & c_{12} & \cdots & c_{1p} \\ c_{21} & c_{22} & \cdots & c_{2p} \\ \vdots & \vdots & \ddots & \vdots \\ c_{m1} & c_{m2} & \cdots & c_{mp} \end{bmatrix}$$

Os elementos são obtidos da seguinte maneira:

$$c_{11} = a_{11}b_{11} + a_{12}b_{21} + a_{13}b_{31} + \ldots + a_{1n}b_{n1}$$
$$c_{12} = a_{11}b_{12} + a_{12}b_{22} + a_{13}b_{32} + \cdots + a_{1n}b_{n2}$$
$$\vdots$$
$$c_{1p} = a_{11}b_{1p} + a_{12}b_{2p} + a_{13}b_{3p} + \cdots + a_{1n}b_{np}$$
$$\vdots$$
$$c_{21} = a_{21}b_{11} + a_{22}b_{21} + a_{23}b_{13} + \cdots + a_{2n}b_{n1}$$
$$c_{22} = a_{21}b_{12} + a_{22}b_{22} + a_{23}b_{32} + \cdots + a_{2n}b_{n2}$$
$$\vdots$$
$$c_{2p} = a_{21}b_{1p} + a_{22}b_{2p} + a_{23}b_{3p} + \ldots + a_{2n}b_{np}$$
$$\vdots$$
$$c_{m1} = a_{m1}b_{11} + a_{m2}b_{21} + a_{m3}b_{31} + \cdots + a_{mn}b_{n1}$$
$$c_{m2} = a_{m1}b_{12} + a_{m2}b_{22} + a_{m3}b_{32} + \cdots + a_{mn}b_{n2}$$
$$\vdots$$
$$c_{mp} = a_{m1}b_{1p} + a_{m2}b_{2p} + a_{m3}b_{3p} + \cdots + a_{mn}b_{np}$$

Observe os índices das ordens das matrizes:

$$A_{m \times n} B_{n \times p} = C_{m \times p}$$

$$[a_{ij}][b_{rs}] = [c_{uv}]$$

$$c_{uv} = \sum_{k=1}^{n} a_{uk} b_{kv}$$

É preciso que o número de colunas de A seja igual ao número de linhas de B, e o resultado é a matriz que tem o número de linhas de A e o número de colunas de B.

### Preste atenção!

A multiplicação AB de matrizes só existe se o número de linhas de A for igual ao número de colunas de B. Por exemplo: $A_{3 \times 4} B_{4 \times 2} = C_{3 \times 2}$, porém $D_{2 \times 3} E_{1 \times 2}$ **não existe**, pois o número de colunas de D é 3, diferentemente do número de linhas de E, que é 1.

Vimos que a operação de soma de matrizes tem propriedades semelhantes às propriedades dos números reais, porém, será que a multiplicação de matrizes tem propriedades semelhantes às propriedades dos números reais? Será que AB é sempre igual à BA? Vejamos um exemplo:

### Exemplo 1.14

Sejam as matrizes A e B a seguir, vamos calcular AB e BA:

$$A = \begin{bmatrix} 3 & 2 \\ 8 & 7 \end{bmatrix} \quad B = \begin{bmatrix} 1 & 6 \\ 5 & 4 \end{bmatrix}$$

$$AB = \begin{bmatrix} 3\cdot1+2\cdot5 & 3\cdot6+2\cdot4 \\ 8\cdot1+7\cdot5 & 8\cdot6+7\cdot4 \end{bmatrix} = \begin{bmatrix} 13 & 8 \\ 43 & 76 \end{bmatrix}$$

$$BA = \begin{bmatrix} 1\cdot3+6\cdot8 & 1\cdot2+6\cdot7 \\ 5\cdot3+4\cdot8 & 5\cdot2+4\cdot7 \end{bmatrix} = \begin{bmatrix} 51 & 44 \\ 47 & 38 \end{bmatrix}$$

As matrizes AB e BA são diferentes! A propriedade comutativa não vale para matrizes, ou seja, a regra que diz que a ordem dos fatores não altera o produto não é válida para matrizes!

No Exemplo 1.13, conseguimos realizar os produtos AB e BA, porém, no exemplo do campeonato de futebol (Exemplo 1.12) realizamos o produto AB. Mas não existe o produto BA, pois B tem ordem $3 \times 1$ e A tem ordem $4 \times 3$, ; a quantidade de colunas de B é diferente da quantidade de linhas de A.

### 1.2.5 Propriedades do produto entre matrizes

O produto de matrizes apresenta as seguintes propriedades:

- **a.** Para quaisquer matrizes $A_{m \times n}$, $B_{n \times p}$ e $C_{p \times q}$, vale a propriedade associativa: $(AB)C = A(BC)$.
- **b.** Para quaisquer matrizes $A_{m \times n}$, $B_{m \times n}$ e $C_{n \times p}$, vale a propriedade distributiva, à direita em relação à adição: $(A + B)C = AC + BC$.
- **c.** Para quaisquer matrizes $A_{m \times n}$, $B_{n \times p}$ e $C_{n \times p}$, vale a propriedade distributiva, à esquerda em relação à adição: $A(B + C) = AB + AC$.
- **d.** Para quaisquer $A_{m \times n}$ e $I_{n \times n}$ (matriz identidade de ordem n), $A \times I = A$.
- **e.** Para quaisquer $A_{n \times m}$ e $I_{n \times n}$ (matriz identidade de ordem n), $I \times A = A$.
- **f.** Para quaisquer $A_{m \times n}$ e $O_{n \times p}$ (matriz nula), $A_{m \times n} \cdot O_{n \times p} = O_{m \times p}$.
- **g.** Para quaisquer $A_{m \times n}$ e $O_{p \times m}$, $O_{p \times m} \cdot A_{m \times n} = O_{p \times n}$.

**h.** Para quaisquer matrizes $A_{m \times n}$ e $B_{n \times p}$ e para qualquer número real $\alpha$, vale $(\alpha A)B = A(\alpha B) = \alpha(AB)$.

> **Preste atenção!**
> AB **não** é igual à BA para quaisquer matrizes A e B. Lembre-se de que, para matrizes, a ordem dos fatores altera o produto, se $A \neq B$!

### Exemplo 1.15
Sejam as matrizes A e B a seguir, vamos realizar o produto AB:

$$A = \begin{bmatrix} 2 & -2 & 2 \\ -6 & 4 & -2 \\ -4 & 2 & 0 \end{bmatrix} \quad B = \begin{bmatrix} 2 & 4 & 6 \\ 4 & 8 & 12 \\ 2 & 4 & 6 \end{bmatrix}$$

$$AB = \begin{bmatrix} 2\cdot 2 - 2\cdot 4 + 2\cdot 2 & 2\cdot 4 - 2\cdot 8 + 2\cdot 4 & 2\cdot 6 - 2\cdot 12 + 2\cdot 6 \\ -6\cdot 2 + 4\cdot 4 - 2\cdot 2 & -6\cdot 4 + 4\cdot 8 - 2\cdot 4 & -6\cdot 6 + 4\cdot 12 - 2\cdot 6 \\ -4\cdot 2 + 2\cdot 4 + 0\cdot 2 & -4\cdot 4 + 2\cdot 8 + 0\cdot 4 & -4\cdot 6 + 2\cdot 12 + 0\cdot 6 \end{bmatrix} = \begin{bmatrix} 0 & 0 & 0 \\ 0 & 0 & 0 \\ 0 & 0 & 0 \end{bmatrix}$$

> **Preste atenção!**
> O produto de matrizes AB = O não significa necessariamente que A = O ou B = O. Como vimos no Exemplo 1.15, AB = O, $A \neq O$ e $B \neq O$. Lembre-se de que, neste caso, O é a matriz nula.

Na multiplicação de matrizes, é importante tomar cuidado, pois, se as matrizes A e B são distintas, para realizar o produto AB, devemos observar a ordem das matrizes para verificar se o produto existe. E mesmo que AB exista, nem sempre BA existirá.

## 1.3 Determinantes

Os determinantes surgiram dos estudos de sistemas lineares, quando matemáticos chineses do século III a.C. desenvolveram um método para a resolução de sistemas de equações por meio de eliminação. Eles escreviam os coeficientes em forma de tabela e operavam buscando eliminar as incógnitas. No Japão, em 1683, o matemático Seki Kowa (1642-1708) apresentou uma maneira de resolver equações parecida com a dos chineses: a eliminação. Contudo, é a Gottfried Wilhelm

Leibniz (1646-1716) que se atribuiu a criação da teoria dos determinantes, em 1693, pois foi por meio de seu trabalho sobre sistemas lineares que os determinantes apareceram no Ocidente; além disso, o estudioso desenvolveu uma notação muito próxima da que usamos hoje. Colin Maclaurin (1698-1746) publicou, em 1729, um teorema sobre a resolução de sistemas lineares conhecido hoje como *Regra de Cramer*, pois Gabriel Cramer (1704-1752), em 1750, também chegou ao teorema em seus estudos para determinar os coeficientes de uma cônica geral – Cramer fez a demonstração para o caso geral (Kilhian, 2010b).

Em 1771, Alexandre Vandermonde (1735-1796) escreveu sobre a teoria dos determinantes sem que ela fosse relacionada a sistemas lineares. Cauchy (1789-1857) apresentou de maneira brilhante, de modo mais claro, o que já era conhecido sobre determinantes e foi um dos pensadores que mais contribuíram para esse assunto, junto com Carl G. J. Jacobi (1804-1851) (Kilhian, 2010b).

Iniciaremos os estudos sobre determinantes e, durante o percurso, iremos nos deparar com mais alguns tipos especiais de matrizes; entretanto, precisaremos conhecer determinantes para classificá-las.

Seja **M** uma matriz quadrada de ordem **n**, tal que n ≤ 3. Podemos associar à matriz **M** o número chamado *determinante*, que obtemos da seguinte maneira:

**a.** Se a matriz tem ordem 1, $A = [a_{11}]$, então o determinante de A é $\det A = |a_{11}| = a_{11}$.

**b.** Se a matriz tem ordem 2, $A = \begin{bmatrix} a_{11} & a_{12} \\ a_{21} & a_{22} \end{bmatrix}$, então o determinante de A é $a_{11}a_{22} - a_{12}a_{21}$

(multiplicação dos elementos da diagonal principal menos a multiplicação dos elementos da diagonal secundária).

$$\begin{vmatrix} a_{11} & a_{12} \\ a_{21} & a_{22} \end{vmatrix} = a_{11}a_{22} - a_{12}a_{21}$$

**c.** Se a matriz tem ordem 3, $A = \begin{bmatrix} a_{11} & a_{12} & a_{13} \\ a_{21} & a_{22} & a_{23} \\ a_{31} & a_{32} & a_{33} \end{bmatrix}$, então o determinante de A é

$$a_{11}a_{22}a_{33} + a_{13}a_{21}a_{32} + a_{12}a_{23}a_{31} - a_{13}a_{22}a_{31} - a_{11}a_{23}a_{32} - a_{12}a_{21}a_{33}$$

$$\begin{vmatrix} a_{11} & a_{12} & a_{13} \\ a_{21} & a_{22} & a_{23} \\ a_{31} & a_{32} & a_{33} \end{vmatrix} \begin{matrix} a_{11} & a_{12} \\ a_{21} & a_{22} \\ a_{31} & a_{32} \end{matrix}$$

As setas para direita a indicam a multiplicação dos elementos: $a_{11}a_{22}a_{33} + a_{13}a_{21}a_{32} + a_{12}a_{23}a_{31}$, e as da esquerda indicam a multiplicação dos elementos multiplicados por –1: $-a_{13}a_{22}a_{31} - a_{11}a_{23}a_{32} - a_{12}a_{21}a_{33}$.

> **Notação**
> Vamos usar as seguintes notações para determinantes de uma matriz A:
> det A = |A| = det [$a_{ij}$]

## Exemplo 1.16

Vamos calcular o determinante das seguintes matrizes:

$$A = \begin{bmatrix} 5 \end{bmatrix} \quad B = \begin{bmatrix} 2 & 3 \\ 5 & 6 \end{bmatrix} \quad C = \begin{bmatrix} 1 & -4 & 5 \\ 6 & 3 & 2 \\ -1 & 7 & -2 \end{bmatrix}$$

$$\det A = 5$$

$$\det B = \begin{vmatrix} 2 & 3 \\ 5 & 6 \end{vmatrix} = 2 \cdot 6 - 3 \cdot 5 = -3$$

$$\det C = \begin{vmatrix} 1 & -4 & 5 \\ 6 & 3 & 2 \\ -1 & 7 & -2 \end{vmatrix} \begin{matrix} 1 & -4 \\ 6 & 3 \\ -1 & 7 \end{matrix} = 165$$

$$15 \quad -14 \quad -48 \quad -6 \quad 8 \quad 210$$

### 1.3.1 Determinante de uma matriz quadrada de ordem m qualquer

Para definir um método para o cálculo do determinante de uma matriz quadrada de ordem $m \geq 2$, precisamos conhecer o que é o **menor complementar**. Dada uma matriz A e considerando um elemento $a_{ij}$ dessa matriz, o menor complementar de $a_{ij}$ é o determinante da matriz resultante quando retirada a i-ésima linha e a j-ésima coluna — vamos denotar por $D_{ij}$. Vamos ver um exemplo para auxiliar no entendimento.

## Exemplo 1.17

Considere a matriz A. Vamos determinar $D_{12}$ e $D_{22}$:

$$A = \begin{bmatrix} 2 & 0 & 1 \\ 4 & 5 & 3 \\ 2 & 1 & 6 \end{bmatrix}$$

Para determinarmos o $D_{12}$, retiramos a primeira linha e a segunda coluna:

$$\begin{bmatrix} 2 & 0 & 1 \\ 4 & 5 & 3 \\ 2 & 1 & 6 \end{bmatrix} \quad \begin{bmatrix} 4 & 3 \\ 2 & 6 \end{bmatrix}$$

O determinante da matriz de ordem 2 é 18, então $D_{12} = 18$.

Para o $D_{22}$, retiramos a segunda linha e a segunda coluna:

$$\begin{bmatrix} 2 & 0 & 1 \\ 4 & 5 & 3 \\ 2 & 1 & 6 \end{bmatrix} \quad \begin{bmatrix} 2 & 1 \\ 2 & 6 \end{bmatrix}$$

O determinante da matriz quadrada resultante é 10, logo $D_{22} = 10$.

Dando continuidade ao nosso objetivo de calcular o determinante de uma matriz de ordem $m \geq 2$, vamos conhecer o que é **cofator** de um elemento de uma matriz.

Dada uma matriz quadrada A, com ordem m ($m \geq 2$), e seja $a_{ij}$ um de seus elementos, o cofator de $a_{ij}$ é:

$$A_{ij} = (-1)^{i+j} D_{ij}$$

A fórmula pode assustar um pouco no início, mas basta utilizá-la para observar que o susto vem da notação; a substituição pelos dados corretos é fácil! Vamos ao exemplo a seguir para confirmar que você entendeu e sabe usar a fórmula.

### Exemplo 1.18

Considere a matriz A. Vamos determinar os cofatores $A_{11}$ e $A_{23}$:

$$A = \begin{bmatrix} 1 & 2 & 5 \\ 3 & 6 & 0 \\ 0 & 3 & 4 \end{bmatrix}$$

A fórmula é $A_{ij} = (-1)^{i+j} D_{ij}$. Nesse caso, queremos determinar o cofator $A_{11}$, logo, $i = 1$ e $j = 1$, e precisamos encontrar o valor de $D_{11}$:

$$\begin{bmatrix} 1 & 2 & 5 \\ 3 & 6 & 0 \\ 0 & 3 & 4 \end{bmatrix} \quad \det \begin{bmatrix} 6 & 0 \\ 3 & 4 \end{bmatrix} = 24$$

Portanto, $D_{11} = 24$. O cofator $A_{11} = (-1)^{1+1} D_{11} = 1 \cdot 24 = 24$.

Para o cofator $A_{23}$, temos $i = 2$ e $j = 3$, ; precisamos determinar $D_{23}$:

$$\begin{bmatrix} 1 & 2 & \boxed{5} \\ \boxed{3 \quad 6} & 0 \\ 0 & 3 & \boxed{4} \end{bmatrix} \quad \det \begin{bmatrix} 1 & 2 \\ 0 & 3 \end{bmatrix} = 3$$

Logo, $D_{23} = 3$ e o cofator $A_{23} = (-1)^{2+3} D_{23} = (-1) \, 3 = -3$.

Agora que conhecemos o menor complementar e o cofator, vamos conseguir calcular o determinante de qualquer matriz quadrada de ordem maior ou igual a 2.

Seja A uma matriz quadrada de ordem m ($m \geq 2$), o determinante de A é:

$$\det A = a_{11}A_{11} + a_{21}A_{21} + a_{31}A_{31} + \ldots + a_{m1}A_{m1} = \sum_{i=1}^{m} a_{i1}A_{i1}$$

Veja como é bela a fórmula do determinante apresentado. Para contemplar mais essa beleza, vamos utilizá-la!

### Exemplo 1.19

Dadas as matrizes A, B e C, vamos calcular seus determinantes:

$$A = \begin{bmatrix} 1 & -2 \\ 2 & 3 \end{bmatrix} \quad B = \begin{bmatrix} 1 & 4 & 5 \\ 2 & 3 & 6 \\ 0 & -1 & -2 \end{bmatrix} \quad C = \begin{bmatrix} 1 & 6 & 0 & 2 \\ 2 & 3 & -1 & 4 \\ 0 & 4 & 3 & -2 \\ 1 & 3 & 0 & 1 \end{bmatrix}$$

Para a matriz A:

$$\det A = a_{11}A_{11} + a_{21}A_{21} = 1(-1)^{1+1}3 + 2(-1)^{2+1} -2 = 7$$

Para a matriz B:

$$\det B = a_{11}A_{11} + a_{21}A_{21} + a_{31}A_{31}$$

$$= 1(-1)^{1+1} \begin{vmatrix} 3 & 6 \\ -1 & -2 \end{vmatrix} + 2(-1)^{2+1} \begin{vmatrix} 4 & 5 \\ -1 & -2 \end{vmatrix} + 0(-1)^{3+1} \begin{vmatrix} 4 & 5 \\ 3 & 6 \end{vmatrix}$$

$$= 0 + 6 + 0 = 6$$

Para a matriz C:

$$\begin{bmatrix} 1 & 6 & 0 & 2 \\ 2 & 3 & -1 & 4 \\ 0 & 4 & 3 & -2 \\ 1 & 3 & 0 & 1 \end{bmatrix}$$

$$\det C = a_{11}A_{11} + a_{21}A_{21} + a_{31}A_{31} + a_{41}A_{41}$$

$$= 1(-1)^{1+1}\begin{vmatrix} 3 & -1 & 4 \\ 4 & 3 & -2 \\ 3 & 0 & 1 \end{vmatrix} + 2(-1)^{2+1}\begin{vmatrix} 6 & 0 & 2 \\ 4 & 3 & -2 \\ 3 & 0 & 1 \end{vmatrix} + 0(-1)^{3+1}\begin{vmatrix} 6 & 0 & 2 \\ 3 & -1 & 4 \\ 3 & 0 & 1 \end{vmatrix} + 1(-1)^{4+1}\begin{vmatrix} 6 & 0 & 2 \\ 3 & -1 & 4 \\ 4 & 3 & -2 \end{vmatrix}$$

$$= -17 + 0 + 0 + 34 = 17$$

Observe que a fórmula para determinante utiliza o primeiro elemento de cada linha, ou seja, utiliza os elementos da primeira coluna e os respectivos cofatores. Então, você pode ter se perguntado se é possível calcular o determinante utilizando outra coluna, ou uma linha, e seus cofatores correspondentes. A resposta é **sim**, é possível! É isso que diz o seguinte teorema:

### Teorema de Laplace
O determinante de uma matriz M, de ordem maior ou igual a 2, é a soma do produto de uma fila (linha ou coluna) pelos cofatores correspondentes (Boldrini, 1986).

Dessa maneira, no cálculo do determinante, não necessariamente os elementos da primeira coluna precisam ser utilizados; podemos usar qualquer linha ou coluna e fazer a multiplicação com os cofatores correspondentes e depois somar os resultados para obter o determinante. Por exemplo, os casos a seguir:

$$A = \begin{bmatrix} 1 & 2 & 3 \\ 0 & 1 & 2 \\ 4 & 3 & 1 \end{bmatrix} \quad B = \begin{bmatrix} 1 & 2 & 1 & 3 \\ 3 & 3 & 0 & 4 \\ 2 & 0 & 1 & 1 \\ 4 & 3 & 2 & 0 \end{bmatrix}$$

Para realizar o cálculo dos determinantes de A e B, vamos usar a segunda linha em A, e, para B, vamos usar a terceira coluna. Então, temos:

$$\det A = a_{21}A_{21} + a_{22}A_{22} + a_{23}A_{23}$$

$$= 0(-1)^{2+1}\begin{vmatrix}2 & 3\\3 & 1\end{vmatrix} + 1(-1)^{2+2}\begin{vmatrix}1 & 3\\4 & 1\end{vmatrix} + 2(-1)^{2+3}\begin{vmatrix}1 & 2\\4 & 3\end{vmatrix}$$

$$= 0 - 11 + 10 = -1$$

$$\det B = b_{13}A_{13} + b_{23}A_{23} + b_{33}A_{33} + b_{43}A_{43}$$

$$= 1(-1)^{1+3}\begin{vmatrix}3 & 3 & 4\\2 & 0 & 1\\4 & 3 & 2\end{vmatrix} + 0(-1)^{2+3}\begin{vmatrix}1 & 2 & 3\\2 & 0 & 1\\4 & 3 & 0\end{vmatrix} + 1(-1)^{3+3}\begin{vmatrix}1 & 2 & 3\\3 & 3 & 4\\4 & 3 & 0\end{vmatrix} + 2(-1)^{4+3}\begin{vmatrix}1 & 2 & 1\\3 & 3 & 0\\2 & 0 & 1\end{vmatrix}$$

$$= 15 + 0 + 11 - 18 = 8$$

---

### Pense a respeito

Pierre-Simon Laplace (1749-1827) escreveu e demonstrou o teorema que leva seu nome. Outra maneira de calcular um determinante é regra de Chió, que pode ser encontrada em:

KILHIAN, K. A regra de Chió para o cálculo de determinantes. **O baricentro da mente**: matemática, física, ciências e afins. Disponível em: <http://obaricentrodamente.blogspot.com.br/2015/02/a-regra-de-chio-para-o-calculo-de.html>. Acesso em: 13 mar. 2016.

---

**1.3.1.1** Propriedades dos determinantes

Vamos considerar M uma matriz quadrada de ordem maior ou igual a 2. Temos as seguintes opções:

- Se a matriz M tem uma fila (linha ou coluna) nula, então det M = 0.

$$M = \begin{bmatrix} a_{11} & a_{12} & a_{13} & \cdots & a_{1n} \\ a_{21} & a_{21} & a_{21} & \cdots & a_{2n} \\ a_{31} & a_{31} & a_{31} & \cdots & a_{3n} \\ \vdots & \vdots & \vdots & \ddots & \vdots \\ a_{m1} & a_{m2} & a_{m3} & \cdots & a_{mn} \end{bmatrix}$$

Supondo que uma linha de M seja nula, ou seja, $a_{i1} = a_{i2} = a_{i3} = \ldots = a_{in} = 0$, então:

$$\det M = a_{i1}A_{i1} + a_{i2}A_{i2} + a_{i3}A_{i3} + \ldots + a_{in}A_{in} = 0.A_{i1} + 0.A_{i2} + 0.A_{i3} + \ldots + 0.A_{in} = 0$$

Observe que poderíamos ter escolhido uma coluna qualquer que o raciocínio seria o mesmo; basta utilizar o teorema de Laplace. Vejamos alguns exemplos:

$$A = \begin{bmatrix} 11 & 0 & 12 \\ 15 & 0 & 26 \\ 14 & 0 & 24 \end{bmatrix} \text{ temos } \det A = 0 \, ; \; B = \begin{bmatrix} 2 & 12 & 56 & 28 \\ 3 & 6 & 10 & 23 \\ 0 & 0 & 0 & 0 \\ 8 & 17 & 26 & 44 \end{bmatrix} \text{ temos } \det B = 0$$

- Seja a matriz $M_1$ obtida pela multiplicação de uma fila de M por uma constante $\alpha$, então $\det M_1 = \alpha \det M$.

$$M = \begin{bmatrix} a_{11} & a_{12} & a_{13} & \cdots & a_{1n} \\ a_{21} & a_{22} & a_{23} & \cdots & a_{2n} \\ a_{31} & a_{32} & a_{33} & \cdots & a_{3n} \\ \vdots & \vdots & \vdots & \ddots & \vdots \\ a_{i1} & a_{i2} & a_{i3} & \cdots & a_{in} \\ \vdots & \vdots & \vdots & \vdots & \vdots \\ a_{m1} & a_{m2} & a_{m3} & \cdots & a_{mn} \end{bmatrix}$$

Supondo que $M_1$ seja obtida multiplicando a linha i da matriz M, então:

$$M_1 = \begin{bmatrix} a_{11} & a_{12} & a_{13} & \cdots & a_{1n} \\ a_{21} & a_{22} & a_{23} & \cdots & a_{2n} \\ a_{31} & a_{32} & a_{33} & \cdots & a_{3n} \\ \vdots & \vdots & \vdots & \ddots & \vdots \\ \alpha a_{i1} & \alpha a_{i2} & \alpha a_{i3} & \cdots & \alpha a_{in} \\ \vdots & \vdots & \vdots & \vdots & \vdots \\ a_{m1} & a_{m2} & a_{m3} & \cdots & a_{mn} \end{bmatrix}$$

$$\det M_1 = \alpha a_{i1}A_{i1} + \alpha a_{i2}A_{i2} + \alpha a_{i3}A_{i3} + \ldots + \alpha a_{in}A_{in}$$

$$= \alpha \left( a_{i1}A_{i1} + a_{i2}A_{i2} + a_{i3}A_{i3} + \ldots + a_{in}A_{in} \right) = \alpha \det M$$

Veja alguns exemplos:

$$A = \begin{bmatrix} 1 & 5 & 2 \\ 3 & -4 & 1 \\ 6 & 9 & 0 \end{bmatrix} \text{ e } A_1 = \begin{bmatrix} 1 & 5 & 2 \\ 6 & -8 & 2 \\ 6 & 9 & 0 \end{bmatrix}$$

A matriz $A_1$ foi obtida multiplicando a segunda linha de A por 2 e repetindo a primeira e terceira linha, então:

$$\det A = 123 \text{ e } \det A_1 = 2.\det A = 246$$

Agora, considere as matrizes B e $B_1$, tal que $B_1$ foi obtida multiplicando a terceira coluna por –3:

$$B = \begin{bmatrix} 0 & 1 & 2 \\ 5 & 6 & 7 \\ 3 & 4 & 1 \end{bmatrix} \quad B_1 = \begin{bmatrix} 0 & 1 & -6 \\ 5 & 6 & -21 \\ 3 & 4 & -3 \end{bmatrix}$$

$$\det B = 20 \text{ e } \det B_1 = -3\det B = -60$$

- Seja a matriz $M_1$ obtida por meio da troca de uma fila paralela de M, então $\det M_1 = -\det M$.

Vamos verificar a propriedade para matrizes de ordem 2. Então sejam M e $M_1$ matrizes tais que $M_1$ foi obtida trocando a primeira linha com a segunda linha de M:

$$M = \begin{bmatrix} a & b \\ c & d \end{bmatrix} \quad M_1 = \begin{bmatrix} c & d \\ a & b \end{bmatrix}$$

$$\det M = ad - bc, \det M_1 = bc - ad \text{ então } \det M_1 = -\det M$$

Se $M_1$ fosse obtida trocando-se as colunas da matriz M, então:

$$M = \begin{bmatrix} a & b \\ c & d \end{bmatrix} \quad M_1 = \begin{bmatrix} b & a \\ d & c \end{bmatrix}$$

$$\det M = ad - bc, \det M_1 = bc - ad \text{ então } \det M_1 = -\det M$$

Por exemplo:

$$A = \begin{bmatrix} 1 & 3 \\ 2 & 4 \end{bmatrix} \quad A_1 = \begin{bmatrix} 2 & 4 \\ 1 & 3 \end{bmatrix}, \text{ temos que } \det A = -2 \text{ e } \det A_1 = 2$$

Use o fato de que, para as matrizes de ordem 2, $\det M_1 = -\det M$ e mostre que vale a propriedade vista para matrizes de ordem n maior do que 2.

- Se M tem filas paralelas iguais, então $\det M = 0$.

Considere a matriz M, que tem as colunas j e s iguais, e seja $M_1$ a matriz obtida trocando a coluna j pela coluna s de M e as demais colunas iguais a M. Pela propriedade anterior $\det M = -\det M_1$ e, por outro lado, como as linhas são iguais, $M = M_1$. Logo, $\det M = \det M_1$, ou seja, das duas igualdades obtemos que $\det M = 0$. Observe que a demonstração é análoga para as linhas. Veja alguns exemplos a seguir:

$$A = \begin{bmatrix} 1 & 5 & 4 & 9 \\ 8 & 2 & 0 & 3 \\ 3 & 7 & 6 & 1 \\ 8 & 2 & 0 & 3 \end{bmatrix} - \text{a segunda e a quarta linhas são iguais, então } \det A = 0$$

$$B = \begin{bmatrix} 1 & 4 & 1 \\ -1 & 5 & -1 \\ 2 & 6 & 2 \end{bmatrix} - \text{a primeira coluna é igual a terceira, então } \det B = 0.$$

- Se M tem filas paralelas proporcionais, então $\det M = 0$.

Por exemplo:

$$A = \begin{bmatrix} 1 & 2 & 3 & 4 & 2 \\ 4 & 5 & 6 & 2 & 1 \\ 2 & 4 & 6 & 8 & 4 \\ 0 & 3 & 7 & 9 & 5 \\ 0 & 3 & 1 & 2 & 3 \end{bmatrix} \quad B = \begin{bmatrix} 3 & 1 & 2 & 9 \\ 4 & 11 & 14 & 12 \\ 5 & 2 & 10 & 15 \\ 7 & 8 & 1 & 21 \end{bmatrix}$$

O $\det A = 0$, pois os valores de cada coluna da terceira linha são o dobro dos valores das colunas da primeira linha, ou seja, $l_3 = 2l_1$. O $\det B = 0$, pois os valores da quarta coluna são o triplo dos valores da primeira coluna, ou seja, $l_4 = 3l_1$.

- Sejam A e B matrizes quadradas de mesma ordem, $\det(AB) = \det A \det B$.

Vamos ao exemplo:

$$A = \begin{bmatrix} 0 & 0 & 1 & 2 \\ -1 & -3 & 4 & 0 \\ -2 & 0 & 1 & 1 \\ 1 & 3 & 0 & 4 \end{bmatrix} \quad B = \begin{bmatrix} 1 & 0 & 2 & 5 \\ 2 & 3 & 4 & 0 \\ 0 & 1 & 0 & 2 \\ 1 & 2 & 1 & 3 \end{bmatrix} \quad AB = \begin{bmatrix} 2 & 5 & 2 & 8 \\ -7 & -5 & -14 & 3 \\ -1 & 3 & -3 & 5 \\ 11 & 17 & 18 & 17 \end{bmatrix}$$

Temos detA = 24, detB = 16, detAB = 24 · 16 = 384.

- Se A é uma matriz triangular, então o determinante de A é o produto de sua diagonal.

Exemplo:

$$A = \begin{bmatrix} a & 0 & 0 \\ 0 & b & 0 \\ 0 & 0 & c \end{bmatrix} \quad B = \begin{bmatrix} 1 & 0 & 0 & 0 \\ 0 & 3 & 0 & 0 \\ 0 & 0 & 2 & 0 \\ 0 & 0 & 0 & 5 \end{bmatrix}$$

det A = abc   e   det B = 1.3.2.5 = 30

### Preste atenção!

Só é possível calcular o determinante de matrizes quadradas!

Essas são algumas propriedades que auxiliam e, muitas vezes, facilitam o processo do cálculo do determinante.

### Exemplo 1.20

Com as propriedades estudadas, vamos calcular os determinantes das seguintes matrizes:

$$A = \begin{bmatrix} 10 & 0 & 20 & 7 & 5 \\ 3 & 10 & 6 & 13 & 21 \\ 7 & 17 & 14 & 16 & 30 \\ 9 & 21 & 18 & 50 & 40 \\ 11 & 36 & 22 & 72 & 26 \end{bmatrix}$$

$$B = \begin{bmatrix} 2 & 11 & 5 \\ -2 & 44 & 15 \\ 4 & 22 & 25 \end{bmatrix}$$

$$C = \begin{bmatrix} 30 & 20 & 46 & 51 & 60 \\ 12 & 17 & 21 & 23 & 27 \\ 56 & 89 & 25 & 36 & 31 \\ 21 & 54 & 16 & 10 & 35 \\ 12 & 17 & 21 & 23 & 27 \end{bmatrix}$$

Na matriz A, como a terceira coluna é proporcional à primeira coluna (os valores da terceira coluna são duas vezes os valores correspondentes da primeira coluna), então detA = 0.

Na matriz B, temos:

$$B = 2\begin{bmatrix} 1 & 11 & 5 \\ -1 & 44 & 15 \\ 2 & 22 & 25 \end{bmatrix} = 2 \cdot 11 \begin{bmatrix} 1 & 1 & 5 \\ -1 & 4 & 15 \\ 2 & 2 & 25 \end{bmatrix} = 2 \cdot 11 \cdot 5 \begin{bmatrix} 1 & 1 & 1 \\ -1 & 4 & 3 \\ 2 & 2 & 5 \end{bmatrix}$$

$$\det B = 2 \cdot 11 \cdot 5 \cdot \det \begin{bmatrix} 1 & 1 & 1 \\ -1 & 4 & 3 \\ 2 & 2 & 5 \end{bmatrix} = 2 \cdot 11 \cdot 5 \cdot 15 = 1650$$

Então,

Na matriz C, a segunda linha é igual a quinta linha, então detC = 0.

### 1.3.2 Matrizes especiais

Agora que você já conhece alguns tipos de matrizes e sabe calcular determinantes, vamos ver mais algumas matrizes que têm propriedades interessantes e que serão importantes para nossos estudos de álgebra linear.

#### 1.3.2.1 Matriz transposta

Dada uma matriz $A = [a_{ij}]_{m \times n}$, a matriz transposta de A é $A^t = [b_{ij}]_{n \times m}$, tal que $b_{ij} = a_{ji}$, ou seja, as linhas de A são as colunas de $A^t$. Vejamos alguns exemplos:

$$A = \begin{bmatrix} 2 & 1 \\ 3 & 5 \end{bmatrix} \quad A^t = \begin{bmatrix} 2 & 3 \\ 1 & 5 \end{bmatrix}$$

$$B = \begin{bmatrix} 0 & 5 \\ 8 & 3 \\ 7 & 4 \end{bmatrix} \quad B^t = \begin{bmatrix} 0 & 8 & 7 \\ 5 & 3 & 4 \end{bmatrix}$$

Se uma A é uma matriz quadrada e $A^t$ é sua matriz transposta, então $detA = detA^t$.

### 1.3.2.2 Matriz dos cofatores

Dada uma matriz quadrada $A = [a_{ij}]_{m \times m}$, a matriz dos cofatores $cof(A) = A' = [a'_{ij}]_{m \times m}$ é uma matriz quadrada e seus elementos são os respectivos cofatores, ou seja, $a'_{ij} = A'_{ij}$.

Por exemplo, dada a seguinte matriz:

$$A = \begin{bmatrix} 3 & 4 \\ 1 & 2 \end{bmatrix}$$

Os cofatores são: $A_{11} = (-1)^{1+1} \cdot 2 = 2$, $A_{12} = (-1)^{1+2} \cdot 1 = -1$, $A_{21} = (-1)^{2+1} \cdot 4 = -4$ e $A_{22} = (-1)^{2+2} \cdot 3 = 3$, então a matriz cof (A) é $cof(A) = A' = \begin{bmatrix} 2 & -1 \\ -4 & 3 \end{bmatrix}$.

### 1.3.2.3 Matriz adjunta

Dada uma matriz quadrada $A = [a_{ij}]_{m \times m}$ e a matriz cof (A) = A' dos cofatores de A, a matriz adjunta de A é a matriz transposta de A' e, que denotamos por $adjA = \overline{A} = (A')^t$. Veja alguns exemplos:

$$A = \begin{bmatrix} 3 & 5 \\ 2 & 4 \end{bmatrix}; \quad cof(A) = A' = \begin{bmatrix} 4 & -2 \\ -5 & 3 \end{bmatrix}; \quad adj(A) = (A')^t = \overline{A} = \begin{bmatrix} 4 & -5 \\ -2 & 3 \end{bmatrix}$$

$$B = \begin{bmatrix} 0 & 1 & 5 \\ 4 & 3 & 2 \\ 6 & 7 & 1 \end{bmatrix}; \quad B' = \begin{bmatrix} -11 & 8 & 10 \\ 34 & -30 & 6 \\ -13 & 20 & -4 \end{bmatrix}; \quad \overline{B} = \begin{bmatrix} -11 & 34 & -13 \\ 8 & -30 & 20 \\ 10 & 6 & -4 \end{bmatrix}$$

Vamos efetuar as multiplicações $A\overline{A} = AadjA = \begin{bmatrix} 3 & 5 \\ 2 & 4 \end{bmatrix}\begin{bmatrix} 4 & -5 \\ -2 & 3 \end{bmatrix} = \begin{bmatrix} 2 & 0 \\ 0 & 2 \end{bmatrix} = 2\begin{bmatrix} 1 & 0 \\ 0 & 1 \end{bmatrix} = 2I_{2 \times 2}$.

Observe que o determinante de A é 2, então podemos escrever que $AadjA = detAI_{2\times 2}$.

Vamos multiplicar, também, B e $\overline{B}$. Temos $B\overline{B} = BadjB = \begin{bmatrix} 0 & 1 & 5 \\ 4 & 3 & 2 \\ 6 & 7 & 1 \end{bmatrix}\begin{bmatrix} -11 & 34 & -13 \\ 8 & -30 & 20 \\ 10 & 6 & -4 \end{bmatrix} =$

$= \begin{bmatrix} 58 & 0 & 0 \\ 0 & 58 & 0 \\ 0 & 0 & 58 \end{bmatrix} = 58\begin{bmatrix} 1 & 0 & 0 \\ 0 & 1 & 0 \\ 0 & 0 & 1 \end{bmatrix} = 58I_{3\times 3}$, e 58 é o determinante da matriz B, então novamente

temos $BadjB = detBI_{3\times 3}$. Isso acontece para qualquer matriz quadrada. Considere A uma matriz qualquer, e sua adjunta adjA. Então:

$$AadjA = detAI$$

### 1.3.2.4 Matriz inversa

Dada a matriz quadrada $A_{n \times n}$, a matriz inversa de A é a matriz quadrada denotada por $A^{-1}_{n \times n}$, tal que $AA^{-1} = A^{-1}A = I_{n \times n}$. (Lembre-se de que $I_{n \times n}$ é a matriz identidade de ordem n).

### Exemplo 1.21

Dada a matriz A, vamos encontrar a matriz inversa de A.

$$A = \begin{bmatrix} 2 & 0 \\ 1 & -3 \end{bmatrix}$$

A matriz inversa de A é $A^{-1} = \begin{bmatrix} a & b \\ c & d \end{bmatrix}$. Sabemos que $AA^{-1} = A^{-1}A = I_{2 \times 2}$. Logo, $\begin{bmatrix} 2 & 0 \\ 1 & -3 \end{bmatrix} \begin{bmatrix} a & b \\ c & d \end{bmatrix} = \begin{bmatrix} 1 & 0 \\ 0 & 1 \end{bmatrix}$.

Portanto, temos o sistema:

$$\begin{cases} 2a = 1 \\ 2b = 0 \\ a - 3c = 0 \\ b - 3d = 1 \end{cases}$$

Resolvendo, temos que: $a = \dfrac{1}{2}, b = 0, c = \dfrac{1}{6}$ e $d = -\dfrac{1}{3}$. Logo:

$$A^{-1} = \begin{bmatrix} \dfrac{1}{2} & 0 \\ \dfrac{1}{6} & -\dfrac{1}{3} \end{bmatrix}$$

De fato, $A^{-1}$ é a matriz inversa de A, pois $AA^{-1} = A^{-1}A = I_{2 \times 2}$.

$$\begin{bmatrix} 2 & 0 \\ 1 & -3 \end{bmatrix} \cdot \begin{bmatrix} \dfrac{1}{2} & 0 \\ \dfrac{1}{6} & -\dfrac{1}{3} \end{bmatrix} = \begin{bmatrix} 1 & 0 \\ 0 & 1 \end{bmatrix}$$

$$\begin{bmatrix} \dfrac{1}{2} & 0 \\ \dfrac{1}{6} & -\dfrac{1}{3} \end{bmatrix} \cdot \begin{bmatrix} 2 & 0 \\ 1 & -3 \end{bmatrix} = \begin{bmatrix} 1 & 0 \\ 0 & 1 \end{bmatrix}$$

Temos algumas considerações a fazer sobre a matriz inversa; são alguns fatos importantes sobre os quais precisamos ter conhecimento!

**a.** $(AB)^{-1} = B^{-1}A^{-1}$

De fato, $(AB)(B^{-1}A^{-1}) = A(BB^{-1})A^{-1} = AIA^{-1} = AA^{-1} = I$ e $(B^{-1}A^{-1})(AB) = B^{-1}(A^{-1}A)B = B^{-1}IB = B^{-1}B = I$. Portanto, $B^{-1}A^{-1}$ é a matriz inversa de AB, que escrevemos por $(AB)^{-1}$.

**b.** Se dada uma matriz A, quadrada, e existir uma matriz B, tal que BA = I, então dizemos que B é a inversa de A, ou seja, $B = A^{-1}$.

**c.** Nem toda matriz tem uma matriz inversa, por exemplo:

$$\begin{bmatrix} 2 & 0 \\ 3 & 0 \end{bmatrix}$$

Nesse caso, a matriz não tem matriz inversa, pois, se houvesse, resultaria em $\begin{bmatrix} 2 & 0 \\ 3 & 0 \end{bmatrix}\begin{bmatrix} a & b \\ c & d \end{bmatrix} = \begin{bmatrix} 1 & 0 \\ 0 & 1 \end{bmatrix}$. No entanto, teríamos que $2a = 1$ e $3a = 0$, o que seria absurdo! Não existe um número a que satisfaça as duas equações; poderíamos ter considerado o mesmo procedimento para resolver em b.

**d.** Sejam A e sua inversa $A^{-1}$, temos que $\det(I) = 1$ e $\det(I) = \det(AA^{-1}) = \det A \det A^{-1} = 1$. Da igualdade anterior temos que, se A tem matriz inversa, $\det A \neq 0$ portanto:

$$\det A^{-1} = \frac{1}{\det A}$$

Vimos anteriormente que $A \operatorname{adj} A = \det A \, I$. Como $\det A \neq 0$, podemos escrever $A \operatorname{adj} A \dfrac{1}{\det A} = I$, mas como só existe uma inversa, ou seja, só existe uma matriz que multiplicada por A é igual a identidade, então:

$$A^{-1} = \frac{1}{\det A} \operatorname{adj} A$$

---

### Preste Atenção!

$(AB)^{-1} = B^{-1}A^{-1}$ – observe a ordem da identidade, ela deve ser na *ordem inversa*. Cuidado!
$(AB)^{-1} \neq A^{-1}B^{-1}$!

## Exercício resolvido

Determine a matriz inversa de A, considerando $A = \begin{bmatrix} 2 & 1 \\ 3 & 4 \end{bmatrix}$.

**Resolução**

Para encontrar a matriz inversa de A, vamos primeiro encontrar a matriz dos cofatores:

$$A_{11} = 4, A_{12} = -3, A_{21} = -1, A_{22} = 2$$

$$\begin{bmatrix} 4 & -3 \\ -1 & 2 \end{bmatrix}$$

A matriz adjunta de A é a transposta da matriz dos cofatores:

$$\text{adj } A = \begin{bmatrix} 4 & -1 \\ -3 & 2 \end{bmatrix}$$

O determinante de A é $2 \cdot 4 - 3 \cdot 1 = 5$

$$A^{-1} = \frac{1}{\det A} \text{adj} A$$

$$A^{-1} = \frac{1}{5} \begin{bmatrix} 4 & -1 \\ -3 & 2 \end{bmatrix} = \begin{bmatrix} \frac{4}{5} & -\frac{1}{5} \\ -\frac{3}{5} & \frac{2}{5} \end{bmatrix}$$

## Exemplo 1.22

As matrizes, dentre tantas aplicações, são aplicadas na criptografia, pois podemos codificar e decodificar mensagens por meio delas. Para isso, devemos relacionar as letras com números:

| A | B | C | D | E | F | G | H | I | J | K | L | M |
|---|---|---|---|---|---|---|---|---|---|---|---|---|
| 1 | 2 | 3 | 4 | 5 | 6 | 7 | 8 | 9 | 10 | 11 | 12 | 13 |
| N | O | P | Q | R | S | T | U | V | W | X | Y | Z |
| 14 | 15 | 16 | 17 | 18 | 19 | 20 | 21 | 22 | 23 | 24 | 25 | 26 |

E o espaço entre palavras corresponde ao número 0. Vamos codificar uma mensagem escolhendo a matriz de ordem 2:

$$A = \begin{bmatrix} 5 & 3 \\ 2 & 1 \end{bmatrix}$$

A mensagem que vamos codificar será "álgebra linear". Para isso, vamos montar uma matriz com duas linhas, pois A é de ordem 2, com os números correspondentes à mensagem:

| A | L | G | E | B | R | A | | L | I | N | E | A | R |
|---|---|---|---|---|---|---|---|---|---|---|---|---|---|
| 1 | 12 | 7 | 5 | 2 | 18 | 1 | 0 | 12 | 9 | 14 | 5 | 1 | 18 |

Então, temos a seguinte matriz:

$$M = \begin{bmatrix} 1 & 12 & 7 & 5 & 2 & 18 & 1 \\ 0 & 12 & 9 & 14 & 5 & 1 & 18 \end{bmatrix}$$

Para codificar essa matriz, vamos fazer o produto C = AM. Logo, temos:

$$C = AM = \begin{bmatrix} 5 & 96 & 62 & 42 & 25 & 93 & 59 \\ 2 & 36 & 23 & 24 & 9 & 37 & 20 \end{bmatrix}$$

Portanto, C é a matriz com a mensagem codificada.

### Exercício resolvido

Considere as letras relacionadas a números como no exemplo anterior. Suponha que você recebeu a mensagem codificada $C = \begin{bmatrix} 5 & 96 & 62 & 42 & 25 & 93 & 59 \\ 2 & 36 & 23 & 24 & 9 & 37 & 20 \end{bmatrix}$ e sabe que a matriz usada para codificar foi $A = \begin{bmatrix} 5 & 3 \\ 2 & 1 \end{bmatrix}$. Decodifique e encontre a mensagem.

#### Resolução

Para codificar a mensagem, foi feita a operação C = A × M; Então para, encontrarmos a mensagem, ou seja, decodificá-la, temos que encontrar M. Como A é inversível, multiplicando, em C = AM, ambos os membros à esquerda por $A^{-1}$, temos que $A^{-1}C = A^{-1}AM$ e, portanto, $A^{-1}C = M$. Isso significa que precisamos encontrar a inversa de A para descobrir a mensagem.

$$A^{-1} = \frac{1}{\det A} \text{adj} A$$

A matriz adjunta de A é $\begin{bmatrix} 1 & -3 \\ -2 & 5 \end{bmatrix}$.

Como detA = −1, então $A^{-1} = \begin{bmatrix} -1 & 3 \\ 2 & -5 \end{bmatrix}$.
Decodificando:

$$A^{-1}C = \begin{bmatrix} -1 & 3 \\ 2 & -5 \end{bmatrix} = \begin{bmatrix} 5 & 96 & 62 & 42 & 25 & 93 & 59 \\ 2 & 36 & 23 & 24 & 9 & 37 & 20 \end{bmatrix} = \begin{bmatrix} 1 & 12 & 7 & 5 & 2 & 18 & 1 \\ 0 & 12 & 9 & 14 & 5 & 1 & 18 \end{bmatrix}$$

Agora, basta substituirmos os números pelas letras correspondentes e obtemos a expressão "álgebra linear". As matrizes vão nos acompanhar ao longo do livro, por isso sua grande importância.

> **Pense a respeito**
>
> Para auxiliar nas operações com matrizes, existem calculadoras específicas. Um exemplo é a Calculous, que permite calcular determinantes, encontrar matrizes inversas, transpostas, adjuntas e também realizar soma, subtração e multiplicação entre matrizes. E é fácil de usar! Há também a excelente Matrix Calculator, que disponibiliza operações com matrizes, sistemas lineares, autovalores, determinante, transposta, entre outras ferramentas. É possível ver partes do processo que foi realizado para chegar ao resultado de algumas funções da calculadora.
>
> CALCULOUS. Disponível em: <http://calculous.com.br>. Acesso em: 18 ago. 2016.
>
> MATRIX CALCULATOR. Disponível em: <https://matrixcalc.org/pt>. Acesso em: 18 ago. 2016.

## 1.4 Sistemas de equações lineares

Alguns fenômenos da natureza, equações químicas, circuitos elétricos, tráfego de veículos, dentre outras situações, podem ser descritos por equações ou sistema de equações, como é o caso dos sistemas de equações lineares que vamos estudar nesta seção. Uma equação linear é do tipo $a_1x_1 + a_2x_2 + a_3x_3 + \ldots + a_nx_n = b$, tal que $a_1, a_2, a_3, \ldots, a_n$ são números reais e b também é real e chamado de *termo independente*.

**Exercício resolvido**

Uma fábrica de automóveis produz motos, carros e *vans*. Eles passam por três processos: estruturação, pintura e montagem de peças. Cada moto leva 6 minutos no processo de estruturação, 4 minutos na pintura e 12 minutos para a montagem de peças. Cada carro leva 12 minutos no processo de estruturação, 6 minutos para pintar e 24 para montagem de peças. Cada *van* leva

18 minutos na estruturação, 11 minutos na pintura e 31 para montagem de peças. O equipamento para a estruturação fica disponível 12 horas por semana. A máquina de pintura funciona 7 horas por semana e a de montagem de peças, 23 horas por semana. Quantos veículos podem ser fabricados (por semana) de cada tipo para que os equipamentos sejam plenamente utilizados?

**Resolução**

Inicialmente, devemos montar a seguinte tabela:

| Processos | Duração dos processos, em minutos, por tipo de veículo | | |
|---|---|---|---|
| | Moto | Carro | Van |
| Estruturação | 6 | 12 | 18 |
| Pintura | 4 | 6 | 11 |
| Montagem de peças | 12 | 24 | 31 |

O equipamento para estruturação fica disponível 12 horas por semana, o que equivale a 720 minutos; o equipamento de pintura, 7 horas, o que equivale a 420 minutos; e o equipamento para montagem de peças fica disponível 23 horas por semana, que corresponde a 1.380 minutos. Considere x, y e z as quantidades de motos, carros e *vans* produzidos por semana. Então, podemos montar o seguinte sistema:

$$\begin{cases} 6x + 12y + 18z = 720 \\ 4x + 6y + 11z = 420 \\ 12x + 24y + 31z = 1.380 \end{cases}$$

Para resolver esse sistema, vamos associá-lo a matrizes. Desse modo, a equação de matrizes que representa o sistema é:

$$\begin{bmatrix} 6 & 12 & 18 \\ 4 & 6 & 11 \\ 12 & 24 & 31 \end{bmatrix} \cdot \begin{bmatrix} x \\ y \\ z \end{bmatrix} = \begin{bmatrix} 720 \\ 420 \\ 1.380 \end{bmatrix}$$

Faça o caminho contrário: resolva a multiplicação de matrizes e depois, a igualdade na equação anterior e chegue no sistema. Vamos resolver o sistema fazendo um paralelo entre as equações e a matriz associada, para observar o que significa, no sistema, operar as linhas da matriz.

$$\begin{cases} 6x + 12y + 18z = 720 \\ 4x + 6y + 11z = 420 \\ 12x + 24y + 31z = 1.380 \end{cases} \quad \begin{bmatrix} 6 & 12 & 18 & 720 \\ 4 & 6 & 11 & 420 \\ 12 & 24 & 31 & 1.380 \end{bmatrix}$$

Vamos multiplicar a primeira linha por $\dfrac{1}{6}$:

$$\begin{cases} x+2y+3z=120 \\ 4x+6y+11z=420 \\ 12x+24y+31z=1.380 \end{cases} \qquad \begin{bmatrix} 6 & 12 & 18 & 720 \\ 4 & 6 & 11 & 420 \\ 12 & 24 & 31 & 1.380 \end{bmatrix}$$

Agora vamos substituir a segunda linha por –4 vezes a primeira linha mais a segunda linha:

$$\begin{cases} x+2y+3z=120 \\ 2y+1z=60 \\ 12x+24y+31z=1.380 \end{cases} \qquad \begin{bmatrix} 6 & 12 & 18 & 720 \\ 4 & 6 & 11 & 420 \\ 12 & 24 & 31 & 1.380 \end{bmatrix}$$

Vamos multiplicar por ¼ a última linha:

$$\begin{cases} x+2y+3z=120 \\ 0x+2y+1z=60 \\ 3x+6y+\dfrac{31}{4}z=345 \end{cases} \qquad \begin{bmatrix} 1 & 2 & 3 & 120 \\ 0 & 2 & 1 & 60 \\ 3 & 6 & \dfrac{31}{4} & 345 \end{bmatrix}$$

Em seguida, substituiremos a última linha pela soma de –3 vezes a primeira com a terceira linha:

$$\begin{cases} x+2y+3z=120 \\ 0x+2y+1z=60 \\ 0x+0y-\dfrac{5}{4}z=-15 \end{cases} \qquad \begin{bmatrix} 1 & 2 & 3 & 120 \\ 0 & 2 & 1 & 60 \\ 0 & 0 & -\dfrac{5}{4} & -15 \end{bmatrix}$$

Da última igualdade, temos: $-\dfrac{5}{4}z = -15$. Logo, $z = 12$.

Substituindo o valor de $z = 12$ na segunda equação, temos: $2y + z = 60$, portanto, $2y + 12 = 60$ e $y = 24$.

Na primeira equação, vamos substituir os valores de $y = 24$ e $z = 12$:

$$x + 2y + 3z = 120$$

$$x + 2 \cdot 24 + 3 \cdot 12 = 120$$

$$x = 120 - 84 = 36$$

Podemos concluir que, por semana, podem ser fabricados 36 motos, 24 carros e 12 vans.

Observe que, depois de fazer as três primeiras operações, já é possível resolver a equação. Porém, a última matriz mostra os resultados mais facilmente. Resolvemos passo a passo para esse primeiro entendimento; contudo, com o tempo você resolverá várias operações com linhas de uma vez só e chegará mais rapidamente à última matriz e, consequentemente, à solução do problema. Note que operar com matrizes é o mesmo que alterar e operar as equações.

Vamos agora formalizar a relação entre sistema e matriz e as operações, entre linhas da matriz, que auxiliam na resolução do sistema.

Dado um sistema de equações lineares:

$$\begin{cases} a_{11}x_1 + a_{12}x_2 + a_{13}x_3 + \ldots + a_{1n}x_n = b_1 \\ a_{21}x_1 + a_{22}x_2 + a_{23}x_3 + \ldots + a_{2n}x_n = b_2 \\ \vdots \\ a_{n1}x_1 + a_{n2}x_2 + a_{n3}x_3 + \ldots + a_{nn}x_n = b_n \end{cases}$$

O sistema pode ser escrito em termos de matrizes:

$$\begin{bmatrix} a_{11} & a_{12} & a_{13} & \ldots & a_{1n} \\ a_{21} & a_{22} & a_{23} & \ldots & a_{2n} \\ \vdots & \vdots & \vdots & \ddots & \vdots \\ a_{m1} & a_{m2} & a_{m3} & \ldots & a_{mn} \end{bmatrix} \cdot \begin{bmatrix} x_1 \\ x_2 \\ x_3 \\ \vdots \\ x_n \end{bmatrix} = \begin{bmatrix} b_1 \\ b_2 \\ b_3 \\ \vdots \\ b_m \end{bmatrix}$$

E a matriz associada, também chamada de *matriz ampliada*, do sistema é:

$$\begin{bmatrix} a_{11} & a_{12} & a_{13} & \ldots a_{1n} & b_1 \\ a_{21} & a_{22} & a_{23} & \ldots a_{2n} & b_2 \\ \vdots & \vdots & \vdots & \ddots \vdots & \vdots \\ a_{m1} & a_{m2} & a_{m3} & \ldots a_{mn} & b_m \end{bmatrix}$$

E é em relação a essa matriz que faremos as operações para resolver o sistema. As operações são:

- **Troca de linhas**: Podemos trocar a linha i pela linha j e a linha j pela linha i; denotamos por $L_i \leftrightarrow L_j$.

$$\begin{bmatrix} 2 & 1 & 0 \\ 3 & 5 & 4 \\ 8 & 7 & 6 \end{bmatrix} L_1 \leftrightarrow L_3 \begin{bmatrix} 8 & 7 & 6 \\ 3 & 5 & 4 \\ 2 & 1 & 0 \end{bmatrix}$$

- **Multiplicação por escalar**: Podemos multiplicar uma linha i por um escalar (número real) k; escrevemos $L_i \to kL_i$.

$$\begin{bmatrix} 2 & 1 & 0 \\ 3 & 5 & 4 \\ 8 & 7 & 6 \end{bmatrix} L_1 \to 2L_1 \begin{bmatrix} 4 & 2 & 0 \\ 3 & 5 & 4 \\ 8 & 7 & 6 \end{bmatrix}$$

- **Substituição**: Podemos substituir a linha i pela soma da linha i com k vezes a linha j; usamos a notação $L_i \to L_i + kL_j$.

$$\begin{bmatrix} 2 & 1 & 0 \\ 3 & 5 & 4 \\ 8 & 7 & 6 \end{bmatrix} L_2 \to (-3)L_1 + L_2 \begin{bmatrix} 2 & 1 & 0 \\ -3 & 2 & 4 \\ 8 & 7 & 6 \end{bmatrix}$$

Dizemos que uma matriz está na forma *escalonada* (ou forma escada) se o primeiro elemento não nulo de cada uma de suas linhas estiver à esquerda do primeiro elemento não nulo de suas linhas seguintes, e se a matriz tiver linhas nulas, estas estarão abaixo das demais linhas não nulas.

### Exemplo 1.23
Dadas as seguintes matrizes:

$$A = \begin{bmatrix} 1 & 2 & 3 & 5 \\ 0 & 9 & 7 & 6 \\ 0 & 0 & 4 & 8 \end{bmatrix} \quad B = \begin{bmatrix} 0 & 1 & 2 & 6 & 9 \\ 0 & 0 & 3 & 7 & 8 \\ 0 & 0 & 0 & 3 & 2 \\ 0 & 0 & 0 & 0 & 0 \end{bmatrix} \quad C = \begin{bmatrix} 0 & 1 & 2 & 6 & 9 \\ 4 & 0 & 3 & 7 & 8 \\ 0 & 0 & 5 & 3 & 2 \\ 0 & 0 & 0 & 0 & 1 \end{bmatrix} \quad D = \begin{bmatrix} 0 & 2 & 7 & 6 \\ 1 & 0 & 0 & 1 \\ 0 & 3 & 0 & 9 \end{bmatrix}$$

As matrizes A e B estão na forma escalonada e as matrizes C e D não estão na forma escalonada. Podemos resolver um sistema linear montando a matriz associada ao sistema e fazendo operações com as linhas até que seja obtida uma matriz escalonada. Chamamos esse processo de *escalonamento*. Dada uma matriz $A_{m \times n}$, reduzir, segundo linhas, uma matriz à forma escalonada $B_{m \times n}$ é o mesmo que, dada a matriz $A_{m \times n}$, encontrar a matriz reduzida à forma escalonada $B_{m \times n}$, escalonando, operando com as linhas, a matriz A. O número p de linhas não nulas de $B_{m \times n}$ é chamado de *posto de A*. O procedimento de escalonar matrizes e, consequentemente, encontrar o posto será útil para resolver problemas de dependência linear, subespaços vetoriais, transformações lineares e sistemas de matrizes.

## Exercício resolvido

Resolva o seguinte sistema linear utilizando o método de escalonamento.

$$\begin{cases} x_1 + 2x_2 + 3x_3 = 4 \\ 2x_1 + 5x_2 + 7x_3 = 13 \\ -x_1 + x_2 + x_3 = 8 \end{cases}$$

### Resolução

A matriz associada ao sistema dado é: $\begin{bmatrix} 1 & 2 & 3 & 4 \\ 2 & 5 & 7 & 13 \\ -1 & 1 & 1 & 8 \end{bmatrix}$

Vamos deixar a matriz na forma escalonada:

$$\begin{bmatrix} 1 & 2 & 3 & 4 \\ 2 & 5 & 7 & 13 \\ -1 & 1 & 1 & 8 \end{bmatrix} L_2 \rightarrow (-2)L_1 + L_2 \begin{bmatrix} 1 & 2 & 3 & 4 \\ 0 & 1 & 1 & 5 \\ -1 & 1 & 1 & 8 \end{bmatrix} L_3 \rightarrow$$

$$\rightarrow L_1 + L_3 \begin{bmatrix} 1 & 2 & 3 & 4 \\ 0 & 1 & 1 & 5 \\ 0 & 3 & 4 & 12 \end{bmatrix} L_3 \rightarrow -3L_2 + L_3 \begin{bmatrix} 1 & 2 & 3 & 4 \\ 0 & 1 & 1 & 5 \\ 0 & 0 & 1 & -3 \end{bmatrix}$$

Tendo a matriz na forma escalonada, vamos relacioná-la ao sistema:

$$\begin{cases} x_1 + 2x_2 + 3x_3 = 4 \\ x_2 + x_3 = 5 \\ x_3 = -3 \end{cases}$$

De $x_3 = -3$ substituindo na equação $x_2 + x_3 = 5$, temos $x_2 - 3 = 5$, logo $x_2 = 8$ Substituindo $x_3 = -3$ e $x_2 = 8$ na primeira equação: $x_1 + 2x_2 + 3x_3 = 4$, temos $x_1 + 2 \cdot 8 + 3 \cdot (-3) = 4$, portanto, $x_1 = -3$.

## 1.4.1 Regra de Cramer

Vamos conhecer outra maneira de resolver um sistema linear cuja matriz dos coeficientes seja quadrada. Precisamos que a matriz dos coeficientes seja quadrada, pois vamos ver o sistema de equações como uma equação em termos de matrizes e realizar a operação inversa. Como vimos, para admitir sua inversa, a matriz deve ser quadrada. Dado um sistema linear:

$$\begin{cases} a_{11}x_1 + a_{12}x_2 + a_{13}x_3 + \ldots + a_{1n}x_n = b_1 \\ a_{21}x_1 + a_{22}x_2 + a_{23}x_3 + \ldots + a_{2n}x_n = b_2 \\ \quad\vdots \\ a_{n1}x_1 + a_{n2}x_2 + a_{n3}x_3 + \ldots + a_{nn}x_n = b_n \end{cases}$$

Já vimos que o sistema pode ser escrito em termos de matrizes:

$$\begin{bmatrix} a_{11} & a_{12} & a_{13} & \ldots & a_{1n} \\ a_{21} & a_{22} & a_{23} & \ldots & a_{2n} \\ \vdots & \vdots & \vdots & \ddots & \vdots \\ a_{n1} & a_{n2} & a_{n3} & \ldots & a_{nn} \end{bmatrix} \begin{bmatrix} x_1 \\ x_2 \\ x_3 \\ \vdots \\ x_n \end{bmatrix} = \begin{bmatrix} b_1 \\ b_2 \\ b_3 \\ \vdots \\ b_n \end{bmatrix}$$

Chamando $A = \begin{bmatrix} a_{11} & a_{12} & a_{13} & \ldots & a_{1n} \\ a_{21} & a_{22} & a_{23} & \ldots & a_{2n} \\ \vdots & \vdots & \vdots & \ddots & \vdots \\ a_{n1} & a_{n2} & a_{n3} & \ldots & a_{nn} \end{bmatrix}$, $X = \begin{bmatrix} x_1 \\ x_2 \\ x_3 \\ \vdots \\ x_n \end{bmatrix}$ e $B = \begin{bmatrix} b_1 \\ b_2 \\ b_3 \\ \vdots \\ b_n \end{bmatrix}$, então, temos que $AX = B$. Vamos

supor que $\det A \neq 0$; logo, A tem inversa $A^{-1}$. Vamos utilizar a inversa de A encontrar uma solução direta para o sistema:

$$A^{-1}AX = A^{-1}B$$

$$IX = A^{-1}B \quad X = A^{-1}B$$

Aprendemos a determinar a matriz inversa usando a matriz adjunta, portanto:

$$\begin{bmatrix} x_1 \\ x_2 \\ x_3 \\ \vdots \\ x_n \end{bmatrix} = \frac{1}{\det A} \begin{bmatrix} A_{11} & A_{12} & A_{13} & \ldots & A_{1n} \\ A_{21} & A_{22} & A_{23} & \ldots & A_{2n} \\ \vdots & \vdots & \vdots & \ddots & \vdots \\ A_{n1} & A_{n2} & A_{n3} & \ldots & A_{nn} \end{bmatrix} \begin{bmatrix} b_1 \\ b_2 \\ b_3 \\ \vdots \\ b_n \end{bmatrix}$$

$$x_1 = \frac{b_1 A_{11} + b_2 A_{12} + b_3 A_{13} + \ldots + b_n A_{1n}}{\det A}$$

$$\vdots$$

$$x_n = \frac{b_1 A_{n1} + b_2 A_{n2} + b_3 A_{n3} + \ldots + b_n A_{nn}}{\det A}$$

Podemos, utilizando o método de Laplace, escrever $b_1 A_{11} + b_2 A_{12} + b_3 A_{13} + \ldots + b_n A_{1n}$ como o determinante da matriz $\begin{bmatrix} b_1 & a_{12} & a_{13} & \ldots & a_{1n} \\ b_2 & a_{22} & a_{23} & \ldots & a_{2n} \\ \vdots & \vdots & \vdots & \ddots & \vdots \\ b_n & a_{n2} & a_{n3} & \ldots & a_{nn} \end{bmatrix}$. Assim, temos:

$$x_1 = \frac{\begin{vmatrix} b_1 & a_{12} & a_{13} & \ldots & a_{1n} \\ b_2 & a_{12} & a_{23} & \ldots & a_{2n} \\ \vdots & \vdots & \vdots & \ddots & \vdots \\ b_n & a_{n2} & a_{n3} & \ldots & a_{nn} \end{vmatrix}}{\begin{vmatrix} a_{11} & a_{12} & a_{13} & \ldots & a_{1n} \\ a_{21} & a_{22} & a_{23} & \ldots & a_{2n} \\ \vdots & \vdots & \vdots & \ddots & \vdots \\ a_{n1} & a_{n2} & a_{n3} & \ldots & a_{nn} \end{vmatrix}}$$

Analogamente, para $x_i$, o numerador será o determinante da matriz formada pelos coeficientes com a coluna i substituída pela coluna dos termos independentes, $(b_1, b_2, b_3, \ldots, b_n)$.

$$x_i = \frac{\begin{vmatrix} a_{11} & a_{12} & \cdots & b_1 & \ldots & a_{1n} \\ a_{21} & a_{22} & \cdots & b_2 & \ldots & a_{2n} \\ \vdots & \vdots & \ddots & \vdots & & \vdots \\ a_{n1} & a_{n2} & \cdots & b_n & \ldots & a_{nn} \end{vmatrix}}{\begin{vmatrix} a_{11} & a_{12} & a_{13} & \ldots & a_{1n} \\ a_{21} & a_{22} & a_{23} & \ldots & a_{2n} \\ \vdots & \vdots & \vdots & \ddots & \vdots \\ a_{n1} & a_{n2} & a_{n3} & \ldots & a_{nn} \end{vmatrix}}$$

Esse método de resolução é chamado de *regra de Cramer*.

> **Pense a respeito**
>
> Em 1729, Colin MacLaurin possivelmente já conhecia a regra conhecida atualmente como *regra de Cramer*. Em 1748, ela apareceu em seu livro *Treatise of Algebra*, mas levava o nome do suíço Gabriel Cramer (1704-1752) que, em 1750, publicou-a com uma notação superior, o que talvez tenha sido o motivo que fez com que a regra carregasse seu nome. Veja o livro *Introdução à história da matemática*, de Howard Eves, traduzido por Hygino H. Domingues e publicado pela Editora da Unicamp.
>
> EVES. H. **Introdução à história da matemática**. 5. ed. Tradução de Hygino H. Domingues. Campinas: Ed. da Unicamp, 2011.

### Exemplo 1.24

Vamos resolver o seguinte sistema linear utilizando a regra de Cramer:

$$\begin{cases} 2x + 4y + z = -2 \\ -x + 3y + 2z = 1 \\ 5x - 2y + 3z = 8 \end{cases}$$

Podemos utilizar a Regra de Cramer, pois a matriz dos coeficientes é uma matriz quadrada. Vejamos:

$$\begin{bmatrix} 2 & 4 & 1 \\ -1 & 3 & 2 \\ 5 & -2 & 3 \end{bmatrix}$$

Vamos calcular primeiramente o determinante da matriz dos coeficientes, pois vamos precisar dele para encontrarmos os valores de x, y e z.

$$\det \begin{bmatrix} 2 & 4 & 1 \\ -1 & 3 & 2 \\ 5 & -2 & 3 \end{bmatrix} = \begin{vmatrix} 2 & 4 & 1 \\ -1 & 3 & 2 \\ 5 & -2 & 3 \end{vmatrix} = 65$$

Para encontrar o valor de x, temos a seguinte fórmula:

$$x = \frac{\begin{vmatrix} -2 & 4 & 1 \\ 1 & 3 & 2 \\ 8 & -2 & 3 \end{vmatrix}}{\begin{vmatrix} 2 & 4 & 1 \\ -1 & 3 & 2 \\ 5 & -2 & 3 \end{vmatrix}}$$

Já calculamos o denominador da fração apresentada. Agora, vamos calcular o determinante que está no numerador, que é o determinante da matriz dos coeficientes, porém, substituindo a primeira coluna (pois queremos determinar x) pelos valores dos termos independentes:

$$\begin{vmatrix} -2 & 4 & 1 \\ 1 & 3 & 2 \\ 8 & -2 & 3 \end{vmatrix} = 0$$

Logo, $x = \dfrac{0}{65} = 0$

Para encontrarmos o valor de y, temos:

$$y = \dfrac{\begin{vmatrix} 2 & -2 & 1 \\ -1 & 1 & 2 \\ 5 & 8 & 3 \end{vmatrix}}{\begin{vmatrix} 2 & 4 & 1 \\ -1 & 3 & 2 \\ 5 & -2 & 3 \end{vmatrix}}$$

Vamos calcular o numerador da última fração apresentada, que é o determinante da matriz dos coeficientes, porém substituindo a segunda coluna (pois queremos encontrar y) pelos termos independentes:

$$\begin{vmatrix} 2 & -2 & 1 \\ -1 & 3 & 2 \\ 5 & 8 & 3 \end{vmatrix} = -65$$

Portanto, $y = -\dfrac{65}{65} = -1$.

Analogamente, para z temos:

$$z = \dfrac{\begin{vmatrix} 2 & 4 & -2 \\ -1 & 3 & 1 \\ 5 & -2 & 8 \end{vmatrix}}{\begin{vmatrix} 2 & 4 & 1 \\ -1 & 3 & 2 \\ 5 & -2 & 3 \end{vmatrix}}$$

Desse modo, temos que:

$$\begin{vmatrix} 2 & 4 & -2 \\ -1 & 3 & 1 \\ 5 & -2 & 8 \end{vmatrix} = 130$$

Logo, $z = \dfrac{130}{65} = 2$.

Observe que, nesse método, é necessário realizar o cálculo de vários determinantes. Por isso, nem sempre é viável resolver sistemas de equações com mais de 5 ou 6 incógnitas utilizando esse método.

### Síntese

No decorrer deste capítulo, você pôde conhecer e estudar os diversos tipos de matrizes, as operações de soma, a multiplicação por escalar e a multiplicação entre matrizes; aprendeu a encontrar o determinante de matrizes de qualquer ordem e a resolver sistemas lineares utilizando o escalonamento ou a regra de Cramer. Dessa maneira, você está apto para dar continuidade aos estudos que serão apresentados no próximo capítulo.

### Atividades de autoavaliação

**1)** Analise as informações e indique se são verdadeiras (V) ou falsas (F):
( ) Se as matrizes A e B comutam, entre si, então $(A + B)(A - B) = A^2 - B^2$.
( ) Se as matrizes A, B e C são inversíveis de ordem n, então $(ABC)^{-1} = C^{-1}B^{-1}A^{-1}$.
( ) Sendo as matrizes A, B e C, e a matriz $A \neq O$, se $AB = AC$, então $B = C$.
( ) Se a matriz A tem ordem 2, então $(A^t)^{-1} = (A^{-1})^t$.
( ) Para qualquer matriz A sempre podemos efetuar o produto AA.

Assinale a alternativa que corresponde à sequência correta:
a. V, F, V, V, F.
b. F, V, F, F, V.
c. V, V, F, V, F.
d. F, V, V, V, F.

2) Os ingressos para um jogo de futebol são gratuitos para sócios. Os ingressos para adultos custam R$ 100,00 para não sócios e os ingressos para idosos e crianças custam R$ 50,00 para não sócios. Os dados dessas informações podem ser registrados na seguinte matriz de ingressos:

$$A = \begin{bmatrix} 50 & 100 \\ 0 & 0 \end{bmatrix}$$

Assinale a afirmativa correta:

**a.** O elemento $F_{12} = 0$.

**b.** A matriz a seguir também pode ser utilizada para apresentar as mesmas informações de F: $\begin{bmatrix} 50 & 0 \\ 0 & 100 \end{bmatrix}$.

**c.** Se o clube cobrasse R$ 1,00 pela entrada de sócios adultos, a matriz do ingresso seria a seguinte: $\begin{bmatrix} 50 & 100 \\ 1 & 0 \end{bmatrix}$.

**d.** A primeira linha representa o preço de ingressos para não sócios.

3) Analise as afirmações a seguir e indique se são verdadeiras (V) ou falsas (F):
( ) $(-A)^t = -(A^t)$.
( ) $AB = O$ então $A = O$ ou $B = O$.
( ) A e B matrizes simétricas, então $AB = BA$.
( ) A é uma matriz triangular superior, então $A^t$ é uma matriz triangular inferior.
( ) Se $AB = 0$ então $BA = 0$.

Assinale a alternativa que corresponde à sequência correzta:
**a.** V, V, F, V, F.
**b.** V, F, F, V, F.
**c.** F, V, V, F, V.
**d.** F, F, V, F, V.

4) Um homem faz serviço de pedreiro, encanador e eletricista em residências que precisem dos seus serviços. Ele cobra por hora de serviço trabalhado e o valor varia dependendo da especialidade. Em determinada semana, o profissional prestou serviços a três proprietários de residências. Na casa A, ele fez um serviço de 2 horas como encanador, 3 horas como

eletricista e 1 hora como pedreiro e recebeu R$ 190,00. Na casa B, fez um serviço de 4 horas como encanador, 1 hora como eletricista e 2 horas como pedreiro e recebeu R$ 210,00. Na terceira residência C, ele trabalhou por 5 horas como encanador, 2 horas como eletricista e 2 horas como pedreiro e recebeu R$ 260,00. Quanto ele cobra por hora em cada especialidade?

a. R$ 30,00 por hora de serviço como encanador, R$ 20,00 por hora de serviço como eletricista e R$ 50,00 por hora de serviço como pedreiro.

b. R$ 20,00 por hora de serviço como encanador, R$ 30,00 por hora de serviço como eletricista e R$ 50,00 por hora de serviço como pedreiro.

c. R$ 30,00 por hora de serviço como encanador, R$ 50,00 por hora de serviço como eletricista e R$ 40,00 por hora de serviço como pedreiro.

d. R$ 40,00 por hora de serviço como encanador, R$ 20,00 por hora de serviço como eletricista e R$ 30,00 por hora de serviço como pedreiro.

5) Dado o sistema de equações $\begin{cases} 2x+3y+z=10 \\ 4x+2y+2z=12 \\ x+6y+3z=8 \\ 6x+9y+3z=30 \end{cases}$, assinale a alternativa a seguir que também representa o sistema dado.

a. $\begin{bmatrix} 2 & 3 & 1 & 10 \\ 0 & -4 & 0 & 8 \\ 0 & 0 & 5 & -6 \\ 0 & 0 & 0 & 1 \end{bmatrix}$

b. $\begin{bmatrix} 2 & 3 & 1 & 10 \\ 0 & 8 & 0 & 4 \\ 0 & 0 & 5 & -12 \\ 0 & 0 & 0 & 1 \end{bmatrix}$

c. $\begin{bmatrix} 2 & 3 & 1 & 10 \\ 0 & -4 & 2 & -8 \\ 0 & 0 & 5 & 12 \\ 0 & 0 & 0 & 0 \end{bmatrix}$

d. $\begin{bmatrix} 2 & 3 & 1 & 10 \\ 0 & -4 & 0 & -8 \\ 0 & 0 & 5 & -12 \\ 0 & 0 & 0 & 0 \end{bmatrix}$

6) Analise se as afirmações apresentadas a seguir e indique se são verdadeiras (V) ou falsas (F):

( ) A matriz $A = [a_{ij}]$ é simétrica se é uma matriz quadrada tal que $a_{ij} = a_{ji}$.

( ) A matriz $I = [b_{ij}]$ é a matriz identidade se $b_{ij} = 0$ para $i \neq j$ e $b_{ij} = 1$ para $i = j$.

( ) A matriz $C = [c_{ij}]$ é diagonal se é uma matriz quadrada tal que $c_{ij} = 0$ para $i \neq j$.

( ) Toda matriz identidade é uma matriz diagonal.

( ) Toda matriz triangular superior é uma matriz quadrada.

Assinale a alternativa que corresponde à sequência correta:
**a.** V, F, V, F, F.
**b.** F, V, F, V, V.
**c.** V, F, V, V, V.
**d.** F, V, V, F, V.

## Atividades de aprendizagem

### Questões para reflexão

1) Um sistema linear com o mesmo número de equações e incógnitas admite uma solução diferente da nula se, e somente se, o determinante da matriz dos coeficientes é nulo. Uma equação da reta no plano cartesiano é do tipo $ax + by + c = 0$. Com base nessas informações, mostre que para que os pontos de coordenadas $(x_1, y_1)$, $(x_2, y_2)$, e $(x_3, y_3)$ pertençam a uma mesma reta, então:

$$\begin{vmatrix} x_1 & y_1 & 1 \\ x_2 & y_2 & 1 \\ x_3 & y_3 & 1 \end{vmatrix} = 0$$

Aplicando os dados apresentados, como é possível encontrar, com a utilização de matrizes, uma equação da reta sendo dados dois pontos?

2) Uma imagem em preto e branco é uma matriz cujos valores 0 representam o preto e 1 para branco. Dada a imagem a seguir, qual seria a imagem correspondente à matriz transposta da matriz dada? Faça um desenho com uma matriz com elementos 1 e 0.

| 1 | 1 | 1 | 1 | 1 | 0 | 0 | 0 | 0 | 0 | 0 | 1 | 1 | 1 | 1 | 1 |
|---|---|---|---|---|---|---|---|---|---|---|---|---|---|---|---|
| 1 | 1 | 1 | 0 | 0 | 0 | 0 | 0 | 0 | 1 | 1 | 0 | 0 | 1 | 1 | 1 |
| 1 | 1 | 0 | 1 | 1 | 0 | 0 | 0 | 0 | 1 | 1 | 1 | 1 | 0 | 1 | 1 |
| 1 | 0 | 1 | 1 | 0 | 0 | 0 | 0 | 0 | 0 | 1 | 1 | 1 | 1 | 0 | 1 |
| 1 | 0 | 1 | 0 | 0 | 1 | 1 | 1 | 1 | 0 | 0 | 1 | 1 | 1 | 0 | 1 |
| 0 | 0 | 0 | 0 | 1 | 1 | 1 | 1 | 1 | 1 | 0 | 0 | 0 | 0 | 0 | 0 |
| 0 | 0 | 0 | 0 | 1 | 1 | 1 | 1 | 1 | 1 | 0 | 0 | 1 | 1 | 0 | 0 |
| 0 | 1 | 0 | 0 | 1 | 1 | 1 | 1 | 1 | 1 | 0 | 1 | 1 | 1 | 1 | 0 |
| 0 | 1 | 1 | 0 | 0 | 1 | 1 | 1 | 1 | 0 | 0 | 1 | 1 | 1 | 1 | 0 |
| 0 | 1 | 1 | 0 | 0 | 0 | 0 | 0 | 0 | 0 | 0 | 0 | 1 | 1 | 0 | 0 |
| 0 | 1 | 0 | 0 | 0 | 0 | 0 | 0 | 0 | 0 | 0 | 0 | 0 | 0 | 0 | 0 |
| 1 | 0 | 0 | 0 | 1 | 1 | 0 | 1 | 1 | 0 | 1 | 1 | 0 | 0 | 0 | 1 |
| 1 | 1 | 0 | 1 | 1 | 1 | 0 | 1 | 1 | 0 | 1 | 1 | 1 | 0 | 1 | 1 |
| 1 | 1 | 0 | 1 | 1 | 1 | 1 | 1 | 1 | 1 | 1 | 1 | 1 | 0 | 1 | 1 |
| 1 | 1 | 1 | 0 | 1 | 1 | 1 | 1 | 1 | 1 | 1 | 1 | 1 | 0 | 1 | 1 |
| 1 | 1 | 1 | 1 | 0 | 0 | 0 | 0 | 0 | 0 | 0 | 0 | 0 | 1 | 1 | 1 |

## Atividade aplicada: prática

**1)** Elabore um plano de ensino para a introdução do conteúdo de matrizes. Quais situações-problema podem ser abordadas? Qual exemplo de motivação inicial poderia ser aplicado?

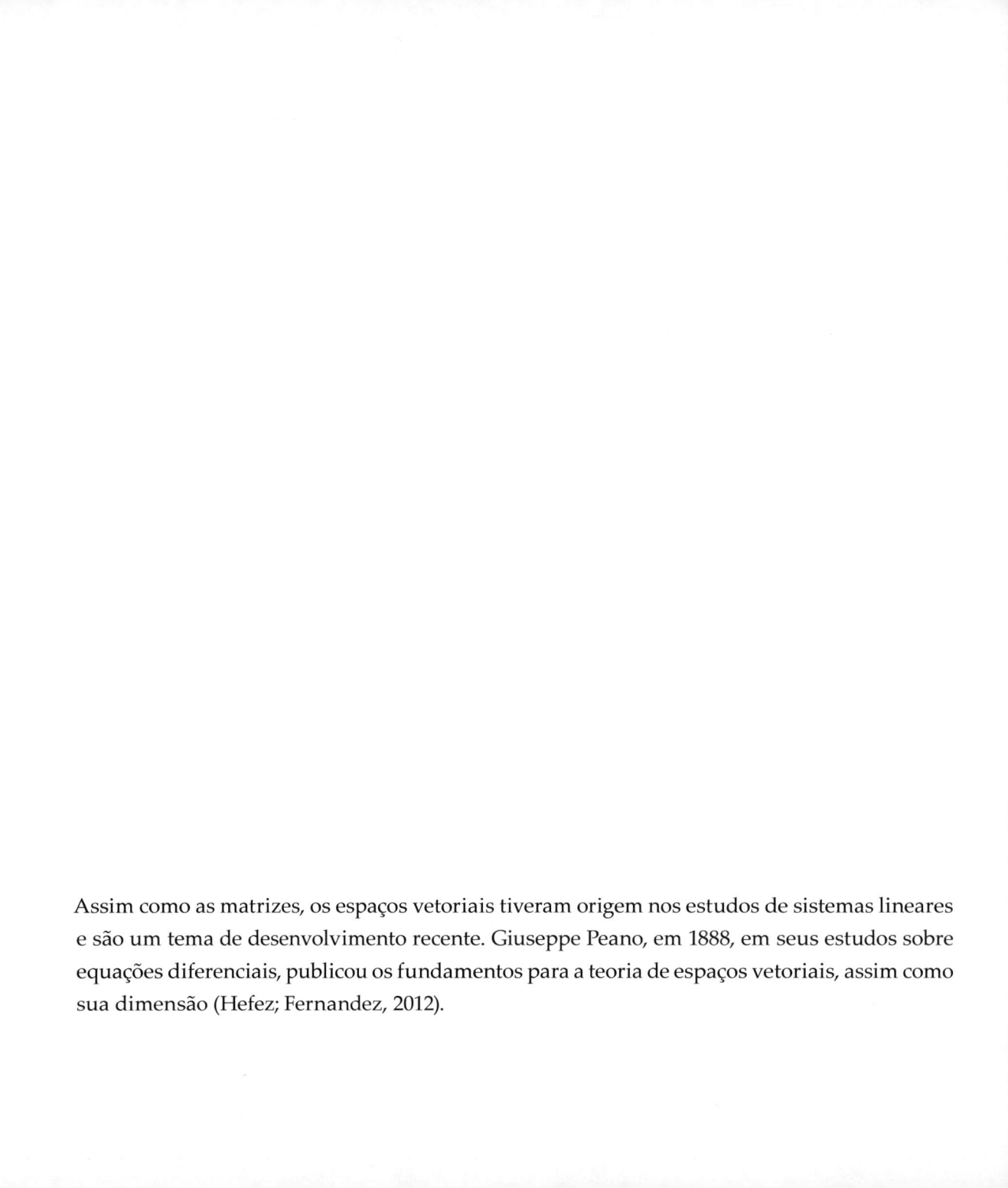

Assim como as matrizes, os espaços vetoriais tiveram origem nos estudos de sistemas lineares e são um tema de desenvolvimento recente. Giuseppe Peano, em 1888, em seus estudos sobre equações diferenciais, publicou os fundamentos para a teoria de espaços vetoriais, assim como sua dimensão (Hefez; Fernandez, 2012).

# 2

# A descoberta dos espaços vetoriais

> **Pense a respeito**
> Giuseppe Peano (1858-1932), matemático italiano, desenvolveu e apresentou conceitos em lógica simbólica, dentre tantas outras contribuições. Ele buscava escrever a matemática em termos de cálculo lógico. Tornou-se conhecido pelos seus axiomas que regem os números naturais, chamados *axiomas de Peano*.
>
> UNIDADE ACADÊMICA DE ENGENHARIA CIVIL DA UNIVERSIDADE FEDERAL DE CAMPINA GRANDE. **Giuseppe Peano**. Disponível em: <http://www.dec.ufcg.edu.br/biografias/GiusPean.html>. Acesso em: 10 maio 2016.

## 2.1 Espaços vetoriais

Um espaço vetorial é um conjunto V, tal que seus elementos são chamados *vetores*, em que estão definidas as seguintes operações:

- **Adição**: Para quaisquer u e v pertencentes a V, a soma $u + v$ também é um vetor pertencente a V.
- **Multiplicação por um número real**: Para qualquer vetor u pertencente a V e qualquer número real $\alpha$, o produto $\alpha u$ é um vetor pertencente a V.

Essas operações devem satisfazer, para quaisquer u, v e w pertencentes a V e $\alpha$ e $\beta$ números reais, todos os oito axiomas[1] seguintes:

1. **Propriedade comutativa**: $u + v = v + u$
2. **Propriedade associativa 1**: $(u + v) + w = u + (v + w)$
3. **Propriedade associativa 2**: $(\alpha\beta)u = \alpha(\beta u)$
4. **Elemento neutro da adição**: existe o vetor nulo 0, tal que $u + 0 = 0 + u = u$, para todo u pertencente a V.

---

[1] De acordo com o *Dicionário brasileiro da língua portuguesa on-line Michaelis* (2016), axioma é definido do seguinte modo: "1. princípio evidente, que não precisa ser demonstrado. 2 Máxima, sentença. 3. Norma admitida como princípio."

**5. Inverso da adição:** Para cada vetor u em V, existe um vetor − u, chamado de *inverso* ou *simétrico* de u, tal que u + (− u) = − u + u = 0
**6. Propriedade distributiva 1:** $\alpha(u + v) = \alpha u + \alpha v$
**7. Propriedade distributiva 2:** $(\alpha + \beta)u = \alpha u + \beta u$
**8. Multiplicação por 1:** $1u = u$

> **Notação**
> Vamos utilizar 0 para denotar o vetor nulo sem que haja confusão com o número 0; é possível saber a qual estamos nos referindo pelo contexto.

A seguir, veremos alguns exemplos de espaços vetoriais. Observe que é o espaço que vai definir os vetores. Encontraremos vetores que são matrizes, polinômios, números reais, funções, entre outros.

### Exemplo 2.1

Considere o conjunto dos números reais $\mathbb{R}$. Este conjunto é um espaço vetorial? Se sim, quem são os vetores?

No conjunto dos números reais, existem as operações de soma e multiplicação por escalar (que, nesse caso, é a multiplicação de números reais), a qual conhecemos muito bem e podemos observar que valem os 8 axiomas de espaço vetorial. Portanto, o conjunto dos números reais é um espaço vetorial. Os vetores nesse espaço são os elementos do conjunto, os números reais.

### Exemplo 2.2

Considere o conjunto $\mathbb{R}^2$, tal que os elementos são do tipo u = (x, y), com x e y números reais. Vamos mostrar que se trata de um espaço vetorial e determinar os vetores e a relação com a geometria.

Podemos interpretar geometricamente os elementos de $\mathbb{R}^2$, fixando a origem em (0, 0), que são da forma u = (x, y), como segmentos orientados com origem no ponto (0,0) e extremidade no ponto (x, y) no plano cartesiano, conforme indicado na figura a seguir.

**Figura 2.1** – Representação de vetor no plano

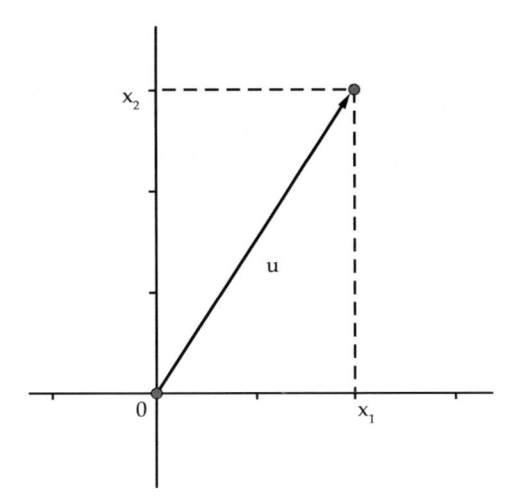

Dois exemplos de elementos nesse conjunto são v = (2, 3) e w = (4, 1), que podem ser representados geometricamente conforme a figura a seguir.

**Figura 2.2** – Vetores no plano

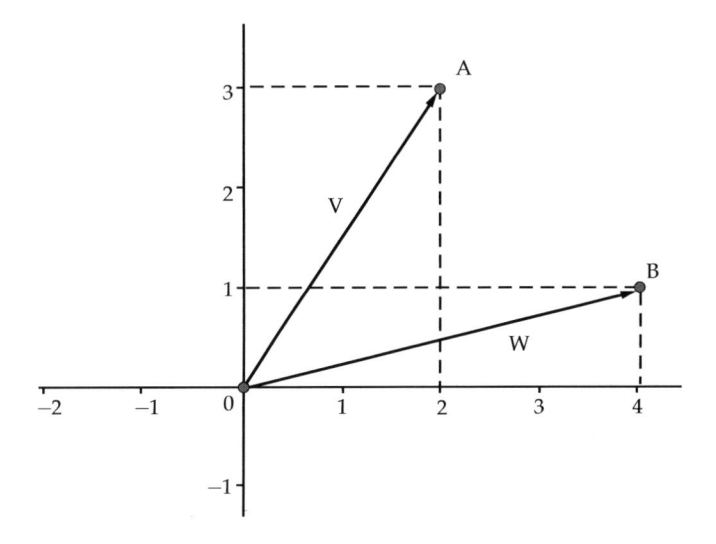

A adição no $\mathbb{R}^2$ é definida por $u = (x_1, y_1)$ e $v = (x_2, y_2)$, elementos de $\mathbb{R}^2$. Portanto, temos: $u + v = (x_1, y_1) + (x_2, y_2) = (x_1 + x_2, y_1 + y_2)$.

A multiplicação por escalar é definida por $u = (x_1, y_1)$ pertencente a $\mathbb{R}^2$ e um escalar $\alpha \in \mathbb{R}$. Desse modo, temos: $\alpha u = \alpha(x_1, y_1) = (\alpha x_1, \alpha y_1)$.

Vamos ver se são válidos os axiomas de espaço vetorial, sejam $u = (x_1, y_1)$, $v = (x_2, y_2)$ e $w = (x_3, y_3)$ elementos de $\mathbb{R}^2$, e os escalares, $\alpha$, $\beta$:

- $u + v = (x_1, y_1) + (x_2, y_2) = (x_1 + x_2, y_1 + y_2)$. Valem as propriedades dos números reais. Utilizando a propriedade comutativa de reais, temos $u + v = (x_1 + x_2, y_1 + y_2) = (x_2 + x_1, y_2 + y_1) = v + u$. Logo, vale propriedade comutativa de vetores.

- $(u + v) + w = ((x_1, y_1) + (x_2, y_2)) + (x_3, y_3) = (x_1 + x_2, y_1 + y_2) + (x_3, 1 y_3) = ((x_1 + x_2) + x_3, (y_1 + y_2) + y_3)$, pela propriedade associativa dos números reais, temos $((x_1 + x_2) + x_3, (y_1 + y_2) + y_3) = (x_1 + (x_2 + x_3), y_1 + (y_2 + y_3)) = u + (v + w)$. Portanto, vale a propriedade associativa 1, dos vetores.

- $(\alpha\beta)u = (\alpha\beta)(x_1, y_1) = ((\alpha\beta)x_1, (\alpha\beta)y_1)$; pela propriedade associativa de reais, $((\alpha\beta)x_1, (\alpha\beta)y_1) = (\alpha(\beta x_1), \alpha(\beta y_1)) = \alpha(\beta x_1, \beta y_1) = \alpha(\beta u)$. Logo, a propriedade associativa 2, dos vetores, é válida.

- Existe o elemento $0 = (0,0) \in \mathbb{R}^2$ e $u + 0 = (x_1, y_1) + (0,0) = (x_1 + 0, y_1 + 0) = (0 + x_1, 0 + y_1) = 0 + u = (x_1, y_1) = u$.

- Para cada $u \in \mathbb{R}^2$, temos $-u = (-x_1, -y_1)$ e $u + (-u) = (x_1, y_1) + (-x_1, -y_1) = (x_1 + (-x_1), y_1 + (-y_1)) = (x_1 - x_1, y_1 - y_1) = (0,0) = 0$.

- $\alpha(u + v) = \alpha((x_1, y_1) + (x_2, y_2)) = \alpha(x_1 + x_2, y_1 + y_2) = (\alpha(x_1 + x_2), \alpha(y_1, y_2)) = (\alpha x_1 + \alpha x_2, \alpha y_1 + \alpha y_2) = (\alpha x_1, \alpha y_1) + (\alpha x_2, \alpha y_2) = \alpha(x_1, y_1) + \alpha(x_2, y_2) = \alpha u + \alpha v$.

- $(\alpha + \beta)u = (\alpha + \beta)(x_1, y_1) = ((\alpha + \beta)x_1, (\alpha + \beta)y_1) = (\alpha x_1 + \beta x_1, \alpha y_1 + \beta y_1) = (\alpha x_1, \alpha y_1) + (\beta x_1, \beta y_1) = \alpha(x_1, y_1) + \beta(x_1, y_1) = \alpha u + \beta u$.

- $1u = 1(x_1, y_1) = (1x_1, 1y_1) = (x_1, y_1) = u$.

Como vimos, todos os axiomas de espaço vetoriais são satisfeitos, portanto, $\mathbb{R}^2$ é um espaço vetorial e os vetores são da forma $u = (x_1, y_1)$, tal que $x_1$ e $y_1$ são números reais.

Vamos verificar os aspectos geométricos do $\mathbb{R}^2$. Vimos como representar os elementos de $\mathbb{R}^2$, agora vamos ver as operações de soma e multiplicação por escalar. Se associarmos os vetores do $\mathbb{R}^2$ com os segmentos orientados, a soma e a multiplicação por escalar geometricamente serão iguais ao que foi visto em geometria analítica. Vejamos um exemplo: considere os vetores $u = (2, 3)$ e $v = (4, 1)$; já vimos que $u + v = (2, 3) + (4, 1) = (6, 4)$. Vimos também como podemos representar vetores em termos de segmentos orientados, tendo a origem fixada em $(0, 0)$.

**Figura 2.3** – Soma de vetores no plano

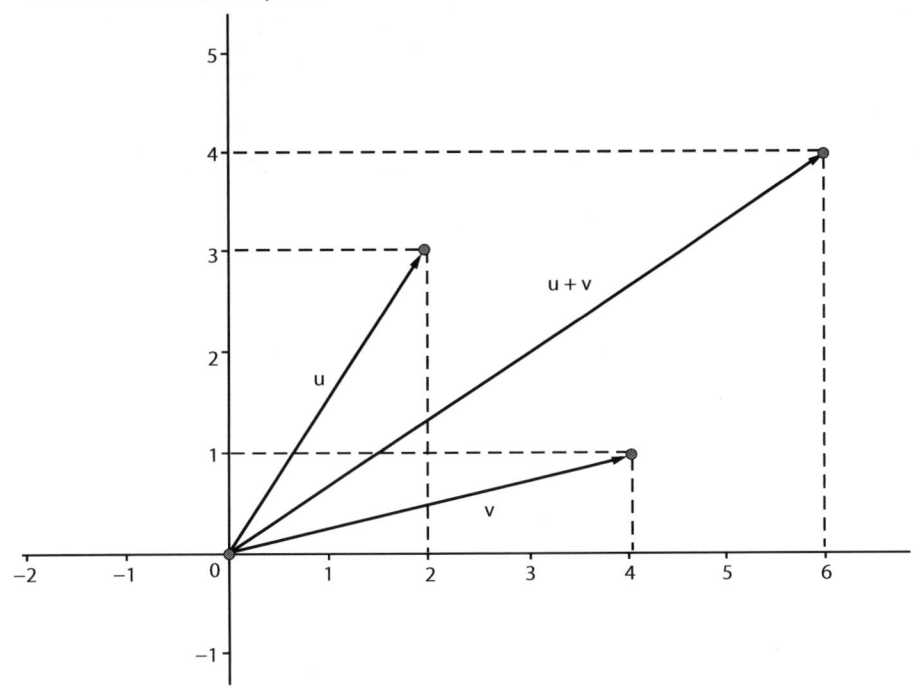

Observando geometricamente, temos que u + v é a diagonal do paralelogramo, conforme apresenta a figura a seguir.

**Figura 2.4** – Soma de vetores

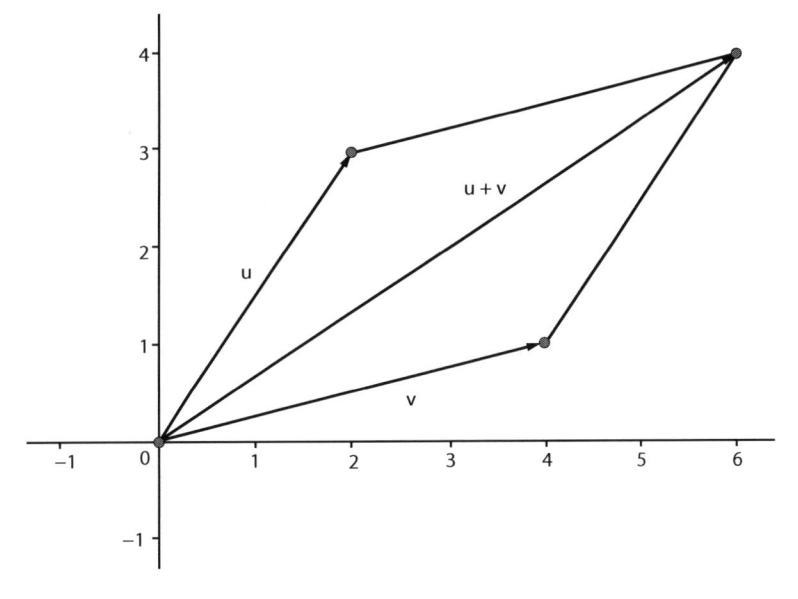

Em geometria analítica, estudamos que um vetor é uma classe de segmentos orientados e escolhemos o mais "adequado" para ser representado. Na Figura 2.4, escolhemos colocar os vetores com origem no (0, 0), mas a soma é válida para vetores representados com origem em qualquer ponto do plano.

Para mostrar a multiplicação por escalar, usaremos o seguinte exemplo: vamos representar $\alpha u$ e $\beta u$, sendo $u = (2, 3)$ e os escalares $\alpha = 2$ e $\beta = -\frac{1}{2}$. Temos que $\alpha u = 2(2, 3) = (4, 6)$ e $\beta u = -\frac{1}{2}(2, 3) = \left(-1, -\frac{3}{2}\right)$. Vamos representar esses dados geometricamente na figura a seguir.

**Figura 2.5** – Multiplicação por escalar

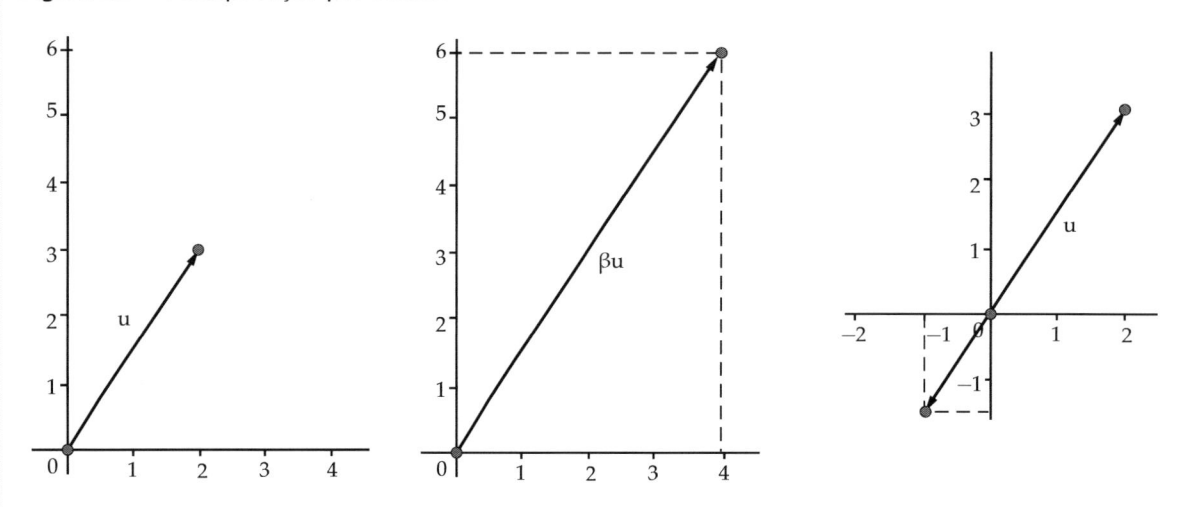

Se multiplicarmos um vetor do $\mathbb{R}^2$ por um escalar positivo, $\gamma > 0$, então o segmento orientado aumenta o tamanho em $\gamma$. Desse modo, na Figura 2.5, segundo gráfico, o escalar $\alpha = 2$, o vetor $\alpha u$ tem o dobro do tamanho do vetor u, sem alterar o sentido e a direção. Se o escalar for negativo, $\gamma < 0$, ele altera o tamanho do vetor u em $\gamma$ e o sentido fica contrário ao de u. Desse modo, na Figura 2.5, terceiro gráfico, o escalar $\beta = -\frac{1}{2}$, o vetor $\beta u$ tem metade do tamanho de u e o sentido oposto ao de u.

### Exemplo 2.3

Para todo número natural n, $\mathbb{R}^n$ é o espaço vetorial. Os elementos são do tipo $u = (x_1, x_2, x_3, ..., x_n)$, tal que $x_i$ são números reais.

$$V = \mathbb{R}^n = \{(x_1, x_2, x_3, ..., x_n) / \ x_i \in \mathbb{R}\}$$

Sejam $u = (x_1, x_2, x_3, ..., x_n)$ e $v = (y_1, y_2, y_3, ..., y_n)$ elementos de $\mathbb{R}^n$ e $\alpha$ um número real, as operações são as seguintes:

- $u + v = (x_1 + y_1, x_2 + y_2, x_3 + y_3, ..., x_n + y_n)$
- $\alpha u + (\alpha x_1, \alpha x_2, \alpha x_3, ..., \alpha x_n)$

O vetor nulo é $0 = (0, 0, 0, ..., 0)$ e o oposto aditivo de $u = (x_1, x_2, x_3, ..., x_n)$ é $-u = (-x_1, -x_2, -x_3, ..., -x_n)$.

**a.** Para n = 4 temos o espaço vetorial $\mathbb{R}^4$, com as operações de soma e multiplicação por escalar que já foram definidas; determine os vetores w e x, sabendo que w = 2u − v e 2x + u = −4(x + v) − 3u. Dados: u = (1, 0, 2, −1) e v = (2, 6, −5, −8).

$$w = 2u - v = 2(1,0,2,-1) - (2,6,-5,-8) =$$
$$(2 \cdot 1, 2 \cdot 0, 2 \cdot 2, 2 \cdot -1) + (-1 \cdot 2, -1 \cdot 6, -1 \cdot 5, -1 \cdot -8) =$$
$$(2,0,4,-2) + (-2,-6,5,8) = (2-2, 0-6, 4+5, -2+8) = (0,-6,9,6)$$

Logo, w = (0, −6, 9, 6).

$$2x + u = -4(x+v) - 3u$$
$$2x + u = -4x - 4v - 3u$$
$$2x + 4x = -4v - 3u - u$$
$$6x = -4v - 4u$$
$$6x = -4(v+u)$$
$$x = -\frac{4}{6}(v+u) = -\frac{2}{3}(v+u)$$
$$x = -\frac{2}{3}((2,6,-5,-8) + (1,0,2,-1)) = -\frac{2}{3}(2+1, 6+0, -5+2, -8-1)$$
$$x = -\frac{2}{3}(3,6,-3,-9) = \left(-\frac{2}{3} \times 3, -\frac{2}{3} \times 6, -\frac{2}{3} \times -3, -\frac{2}{3} \times -9\right)$$
$$x = (-2, -4, 2, 6)$$

**b.** Para n = 6 temos o espaço vetorial $\mathbb{R}^6$. Dê exemplos de dois vetores que estão nesse espaço vetorial. Qual é o vetor nulo?

Dois exemplos são $u = (-2, 0, 1, 3, 20, 16)$ e $v = \left(0, -5, -\frac{3}{2}, 1, \frac{2}{5}, 23\right)$. O vetor nulo é $0 = (0,0,0,0,0,0)$.

## Exemplo 2.4

Considere o conjunto de todas as matrizes reais de ordem m × n, denotado por M(m × n). Sendo $A_{m \times n} = [a_{ij}]$ e $B_{m \times n} = [b_{ij}]$ e $\alpha$ um número real, as operações de soma e multiplicação por escalar definidas anteriormente são $A + B = [a_{ij} + b_{ij}]$ e $\alpha A = [\alpha a_{ij}]$. A matriz oposta de A em relação a adição é $-A = [-a_{ij}]$. Com as propriedades das operações de matrizes estudadas no primeiro capítulo, podemos concluir que M(m × n) é um espaço vetorial com as operações que definimos previamente e os vetores são as matrizes.

## Exemplo 2.5

O conjunto $P_n(\mathbb{R})$, tal que $n \geq 0$, é formado por todos os polinômios reais de grau menor ou igual a n e coeficientes reais. Com as operações de soma e multiplicação por escalar usuais de polinômios, $P_n(\mathbb{R})$ é um espaço vetorial, os vetores são polinômios e o vetor nulo é o polinômio nulo $0(x) = 0$.

**a.** Dê exemplos de vetores no espaço vetorial $P_3(\mathbb{R})$.

Podemos indicar como exemplo qualquer polinômio de ordem menor ou igual a 3, $(\alpha_3 x^3 + \alpha_2 x^2 + \alpha_1 x + \alpha_0)$. Alguns deles são:

$$a(x) = x^3 + 2x^2 + x + 4, \ b(x) = 4x^3 - 1, \ c(x) = 5x^2 + 2x + 7$$

$$d(x) = x^2 + 6x, \ e(x) = 4x + 1, \ f(x) = 4x^3, \ g(x) = 0, \ h(x) = 3$$

**b.** Considere o espaço vetorial $P_4(\mathbb{R})$. Determine o vetor $s(x)$ dado por $s(x) = p(x) + 2q(x) - r(x)$, sabendo que $p(x) = 3x^4 + 5x^2 - x + 4$, $q(x) = x^4 - 3x^3 + 6x^2$ e $r(x) = -3x + 1$. Determine também o vetor inverso de $s(x)$.

$$s(x) = p(x) + 2q(x) - r(x)$$
$$s(x) = 3x^4 + 5x^2 - x + 4 + 2(x^4 - 3x^3 + 6x^2) - (-3x + 1)$$
$$= 3x^4 + 5x^2 - x + 4 + 2x^4 - 6x^3 + 12x^2 + 3x - 1$$
$$= 3x^4 + 2x^4 - 6x^3 + 5x^2 + 12x^2 - x + 3x + 4 - 1$$
$$= 5x^4 - 6x^3 + 17x^2 + 2x + 3$$

Temos que $s(x) = 5x^4 - 6x^3 + 17x^2 + 2x + 3$ e o seu inverso é $-s(x) = -5x^4 + 6x^3 - 17x^2 - 2x - 3$, pois $s(x) + (-s(x)) = 0$.

## Exemplo 2.6

O conjunto $\mathcal{F}(X, \mathbb{R})$ é o conjunto de todas as funções reais $f : X \to \mathbb{R}$, tal que X é um conjunto qualquer não vazio. As operações são: soma de duas funções e multiplicação de um escalar por uma função. Sejam as funções f e g pertencentes a $\mathcal{F}(X, \mathbb{R})$, temos que $(f + g)(x) = f(x) + g(x)$ e que $(\alpha f)(x) = \alpha f(x)$, sendo $\alpha$ um número real. O vetor nulo é a função nula. O conjunto $\mathcal{F}(X, \mathbb{R})$ é um espaço vetorial com as operações que já foram definidas. Os vetores são funções reais $f : X \to \mathbb{R}$, tal que X é um conjunto qualquer não vazio.

**a.** Considere o espaço vetorial $\mathcal{F}(\mathbb{R}, \mathbb{R})$, e determine a função $h(x)$ dada por $h(x) = 2f(x) - 3g(x)$, dados $f(x) = \sqrt{x+2} + x^2$ e $g(x) = x^2 + 2$.

$$h(x) = 2f(x) - 3g(x)$$
$$= 2(\sqrt{x+2} + x^2) - 3(x^2 + 2)$$
$$= 2\sqrt{x+2} + 2x^2 - 3x^2 - 6$$
$$= 2\sqrt{x+2} - x^2 - 6$$

## Exercício resolvido

Considere o conjunto $\mathbb{R}$ e as seguintes operações de soma e multiplicação por escalar. Considerando $u = (x_1, y_1)$ e $v = (x_2, y_2)$ elementos de $\mathbb{R}^2$ e $\alpha$ um número real qualquer, definimos $u + v = (x_1 + y_2, x_2 + y_1)$ e $\alpha u = \alpha(x_1, y_1) = (\alpha x_1, \alpha y_1)$. Com base nas operações predefinidas, verifique se $\mathbb{R}^2$ é um espaço vetorial.

### Resolução

Vamos verificar os axiomas de espaço vetorial:

- $u + v = (x_1 + y_1, x_2 + y_2)$ e $v + u = (x_2 + y_1, x_1 + y_2)$. Temos que $u + v \neq v + u$, o que não satisfaz o primeiro axioma. Então, com base nas operações predefinidas, $\mathbb{R}^2$ não é um espaço vetorial.

## Exemplo 2.7

Considere o conjunto $\mathbb{R}^3$ e nele definimos as seguintes operações. Para quaisquer $u = (x_1, y_1, z_1)$ e $v = (x_2, y_2, z_2)$ em $\mathbb{R}^3$ e $\alpha$ um número real:

- $u + v = (x_1, y_1) + (x_2, y_2) = (x_1 + x_2, y_1 + y_2, z_1 + z_2)$
- $\alpha u = \alpha(x_1, y_1, z_1) = (x_1, y_1, \alpha z_1)$

Vamos mostrar que o conjunto $\mathbb{R}^3$ não é um espaço vetorial com as operações predefinidas. No axioma 7, temos: $(\alpha + \beta)u = \alpha u + \beta u$, desse modo, neste exemplo, esse axioma não é satisfeito:

$$(\alpha + \beta)u = (\alpha + \beta)(x_1, y_1, z_1) = (x_1, y_1, (\alpha + \beta)z_1)$$

$$\alpha u + \beta u = \alpha(x_1, y_1, z_1) + \beta(x_1, y_1, z_1) = (x_1, y_1, \alpha z_1) + (x_1, y_1, \beta z_1) = (2x_1, 2y_1, (\alpha + \beta)z_1)$$

Podemos ver que $(\alpha + \beta)u \neq \alpha u + \beta u$. Portanto, com as operações definidas neste exemplo, o conjunto $\mathbb{R}^3$ não é um espaço vetorial.

Nesta seção, você conheceu alguns espaços vetoriais, agora vamos estudar subconjuntos dos espaços vetoriais e suas peculiaridades.

## 2.2 Subespaços vetoriais

Seja V um espaço vetorial, um subconjunto W não vazio de V é um subespaço vetorial de V se:
1. para quaisquer $u, v \in W$, então $u + v \in W$;
2. para quaisquer $u \in W$ e $\alpha \in \mathbb{R}$, então $\alpha u \in W$.

Do segundo item, para $\alpha = 0$ e qualquer $u \in W$, já que W não é vazio, temos que $\alpha u = 0$, ou seja, o vetor nulo pertence a W. Poderíamos ter substituído a condição de W não ser vazio, por $0 \in W$, pois assim ele não é vazio. No início deste parágrafo, mostramos que se W não é vazio então o vetor nulo 0 pertence a ele. Os dois itens dizem que a soma de dois elementos de W resulta em um elemento de W; isso também acontece para a multiplicação por escalar. Com isso, os axiomas de espaço vetorial (os oito itens) são satisfeitos pelos elementos de W, pois este é subconjunto de V; logo, se valem em V, valem em W. Podemos concluir que W é também um espaço vetorial. Todo espaço vetorial admite no mínimo dois subespaços vetoriais: ele mesmo e o espaço formado pelo vetor nulo. Esses subespaços são chamados de *subespaços triviais* e os demais espaços, se existirem, serão chamados de **subespaços próprios**.

### Exemplo 2.8

Sejam os números reais $\alpha_1, \alpha_2, ..., \alpha_n$. O conjunto H de todos os vetores $v = (x_1, x_2, ..., x_n)$ pertencentes a $\mathbb{R}^n$, tais que $\alpha_1 x_1 + \alpha_2 x_2 + ... + \alpha_n x_n = 0$, é um subespaço vetorial de $\mathbb{R}^n$.

De fato, $0 = (0, 0, ..., 0)$, $\alpha_1 0 + \alpha_2 0 + ... + \alpha_n 0 = 0$; então $0 \in H$, se $u = (y_1, y_2, ..., y_n)$ e $v = (x_1, x_2, ..., x_n)$ são elementos de H, temos $u + v = (x_1 + y_1, x_2 + y_2, ..., x_n + y_n)$ e $\alpha_1(x_1 + y_1) + \alpha_2(x_2 + y_2) + ... + \alpha_n(x_n + y_n) = \alpha_1 x_1 + \alpha_1 y_1 + \alpha_2 x_2 + \alpha_2 y_2 + ... + \alpha_n x_n + \alpha_n y_n$. Podemos reorganizar e temos $\alpha_1(x_1 + y_1) + \alpha_2(x_2 + y_2) + ... + \alpha_n(x_n + y_n) = (\alpha_1 x_1 + \alpha_2 x_2 + ... + \alpha_n x_n) + (\alpha_1 y_1 + \alpha_2 y_2 + ... + \alpha_n y_n) = 0 + 0 = 0$; logo, $u + v$ pertence a H. E para todo número real $\lambda$, $\lambda v = \lambda(x_1, x_2, ..., x_n) = (\lambda x_1, \lambda x_2, ..., \lambda x_n)$, então, $\alpha_1 \lambda x_1 + \alpha_2 \lambda x_2 + ... + \alpha_n \lambda x_n = \lambda(\alpha_1 x_1 + \alpha_2 x_2 + ... + \alpha_n x_n) = \lambda 0 = 0$ portanto, $\lambda v$ pertence a H.

Chamamos esse subespaço vetorial de hiperplano de $\mathbb{R}^n$, que passa pela origem, se pelo menos um $\alpha_i \neq 0$.

### Notação
Em alguns momentos, vamos nos referir aos **subespaços vetoriais** somente por *subespaços*.

### Exercício resolvido
Determine quais conjuntos a seguir são subespaços vetoriais:
**a.** O conjunto $A \subset \mathbb{R}^3$, formado pelos vetores $v = (x, y, z)$, tais que $y = 2z$ e $z = x$.
**b.** O conjunto $B \subset \mathbb{R}^3$, formado pelos vetores $v = (x, y, z)$, tais que $xy = 0$.

**Resolução**

Vamos verificar as condições de subespaço vetorial para o item a.

Os vetores de A são do tipo $u_1 = (x_1, 2x_1, x_1)$, pois temos que $y = 2z$ e $z = x$. Considere dois vetores quaisquer, $u_1 = (x_1, 2x_1, x_1)$ e $u_2 = (x_2, 2x_2, x_2)$, pertencentes a A. Temos

$$u_1 + u_2 = (x_1, 2x_1, x_1) + (x_2, 2x_2, x_2) =$$
$$(x_1 + x_2, 2x_1 + 2x_2, x_1 + x_2) = (x_1 + x_2, 2(x_1 + x_2), x_1 + x_2)$$

$u_1 + u_2 = (x_1 + x_2, 2(x_1 + x_2), x_1 + x_2) = (x, y, z)$, ou seja, $x = x_1 + x_2, y = 2(x_1 + x_2)$ e $z = x_1 + x_2$.

Observe que as coordenadas $y = 2(x_1 + x_2) = 2x$ e $z = x_1 + x_2 = x$, logo, $u_1 + u_2$ pertence ao conjunto A. Agora, seja um número real qualquer $\alpha$ e um vetor qualquer $u_1 = (x_1, 2x_1, x_1)$, temos $\alpha u_1 = (\alpha x_1, \alpha 2x_1, \alpha x_1)$. Podemos ver que a segunda coordenada é o dobro da terceira ($y = 2z$) e a terceira coordenada é igual a primeira ($z = x$); logo, $\alpha u_1$ é um elemento do conjunto A. O vetor nulo $(0, 0, 0)$ também satisfaz a condição para ser um elemento de A. Portanto, A é um subespaço vetorial de $\mathbb{R}^3$.

Vamos agora verificar o conjunto do item b. Os vetores $u = (1, 0, 0)$ e $v = (0, 1, 0)$ pertencem a B, pois o produto das duas primeiras coordenadas é igual a zero ($xy = 0$), porém, $u + v = (1, 0, 0) + (0, 1, 0) = (1, 1, 0)$ não pertence a B, pois a multiplicação das duas primeiras coordenadas, $1 \cdot 1 = 1$, não é nula. Então B não é um subespaço vetorial.

## Exemplo 2.9

Considere o espaço vetorial $\mathbb{R}^2$ com as operações de soma e multiplicação por escalar usuais. Seja $v \in \mathbb{R}^2$, um vetor não nulo, o conjunto $W = \{\beta v / \beta \in \mathbb{R}\}$, é o conjunto de todos os vetores múltiplos de v. Mostraremos que W é um subespaço vetorial de $\mathbb{R}^2$.

Para comprovar que W é um subespaço vetorial de $\mathbb{R}^2$, vamos mostrar os seguintes três itens:

**1.** W não é vazio.

$W = \{\beta v / \beta \in \mathbb{R}\}$ é o conjunto dos vetores $\beta v$ para todo $\beta \in \mathbb{R}$, inclusive para $\beta = 0$; temos então $0 \cdot v = 0$, portanto, o vetor nulo $0 \in W$, logo, W não é vazio.

**2.** Para quaisquer $w_1, w_2 \in W$, então $w_1 + w_2 \in W$.

$w_1, w_2 \in W$, então $w_1 = \beta_1 v$ e $w_2 = \beta_2 v$. Temos que $w_1 + w_2 = \beta_1 v + \beta_2 v = (\beta_1 + \beta_2)v$; logo, $w_1 + w_2$ é um vetor múltiplo de v, $w_1 + w_2 \in W$.

**3.** Para quaisquer $w \in W$ e $\alpha \in \mathbb{R}$, então $\alpha w \in W$.

$w \in W$, então $w = \beta v$, $\alpha w = \alpha(\beta v) = (\alpha \beta)$; logo, $\alpha w \in W$, pois $\alpha w$ é um múltiplo de v.

O conjunto W do exemplo é uma reta que passa pela origem, conforme representa a figura a seguir:

**Figura 2.6** – Reta que passa pela origem

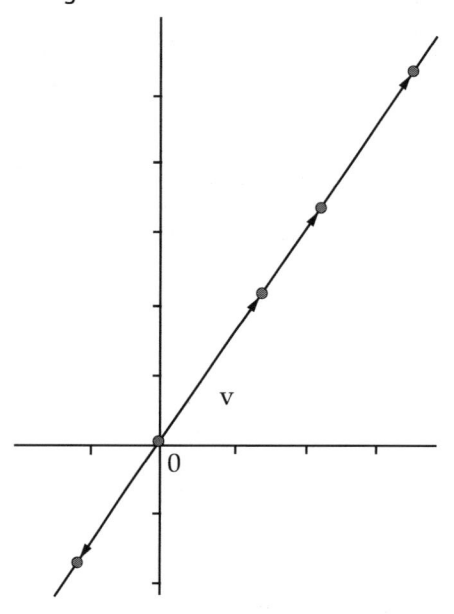

Com esse exemplo, temos que uma reta que passa pela origem é um subespaço vetorial de $\mathbb{R}^2$. Vamos a mais um exemplo sobre este fato.

## Exemplo 2.10

Considere o conjunto $U = \{\beta v / \beta \in \mathbb{R}\}$, tal que $v = (2,3)$. Mostre que U é um subespaço vetorial de $\mathbb{R}^2$. Qual seria a interpretação geométrica para U?

Para provar que U é um subespaço vetorial de $\mathbb{R}^2$, vamos mostrar os seguintes três itens:

**1.** U não é vazio.

$U = \{\beta v / \beta \in \mathbb{R}\}$ para $\beta = 0$, temos então $0 \cdot v = 0$, portanto, o vetor nulo $0 \in W$. Logo, U não é vazio.

**2.** Para quaisquer $u_1, u_2 \in U$, então $u_1 + u_2 \in U$.

$u_1, u_2 \in U$, então $u_1 = \beta_1(2,3)$ e $u_2 = \beta_2(2,3)$. Temos que $u_1 + u_2 = \beta_1(2,3) + \beta_2(2,3) = (2\beta_1 + 2\beta_2, 3\beta_1 + 3\beta_2) = ((\beta_1 + \beta_2)2, (\beta_1 + \beta_2)3) = (\beta_1 + \beta_2)(2,3)$; logo, $u_1 + u_2$ é um vetor múltiplo de $v = (2,3)$, $u_1 + u_2 \in U$.

**3.** Para quaisquer $u \in U$ e $\alpha \in \mathbb{R}$, então $\alpha u \in U$.

$u \in U$, então $u = \beta v = \beta(2,3)$, $\alpha u = \alpha(\beta(2,3)) = (\alpha\beta)(2,3)$; logo, $\alpha u \in U$, pois $\alpha u$ é um múltiplo de $v$.

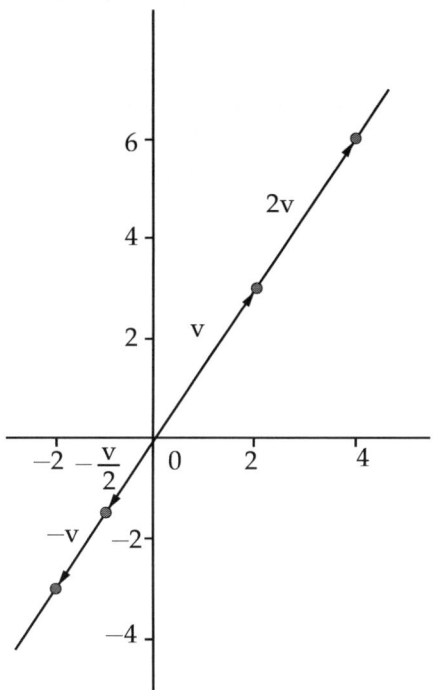

**Figura 2.7** – Exemplos de multiplicação por escalar

Na Figura 2.7 estão representados vetores do subespaço vetorial U, v, 2v, −v e $-\frac{v}{2}$. Se variarmos o valor de β em βv, percorrendo todos os reais, formaremos a reta que passa pela origem.

Observe que $\beta v = \beta(2,3) = \left( \underbrace{2\beta}_{x}, \underbrace{3\beta}_{y} \right)$; temos $y = \frac{3}{2}x$, $\left( 3\beta = \frac{3}{2}(2\beta) \right)$, logo, o espaço vetorial U é a reta no plano xy descrita por $y = \frac{3}{2}x$.

Agora que você conheceu a definição de subespaço vetorial e viu alguns exemplos, o próximo passo é estudar os teoremas que envolvem subespaços, que apresentam algumas propriedades. Veremos também alguns subespaços especiais, como os subespaços gerados, que são importantes por envolverem conceitos muito usados em álgebra linear.

### Teorema
Seja V um espaço vetorial e sejam $W_1$ e $W_2$ subespaços vetoriais de V, a interseção $W_1 \cap W_2$ é também um subespaço vetorial de V.

**Demonstração**

Para comprovar que $W_1 \cap W_2$ é um subespaço vetorial de V, temos que mostrar os seguintes dois itens:

1. para quaisquer $u, v \in W_1 \cap W_2$, então $u + v \in W_1 \cap W_2$;
2. para quaisquer $u \in W_1 \cap W_2$ e $\alpha \in \mathbb{R}$, então $\alpha u \in W_1 \cap W_2$.

Para o primeiro item: quaisquer que sejam $u, v \in W_1 \cap W_2$, então $u, v \in W_1$ e $u, v \in W_2$. Como $W_1$ e $W_2$ são subespaços vetoriais, logo, $u + v \in W_1$ e $u + v \in W_2$. Se $u + v$ pertence aos dois subespaços, então $u + v \in W_1 \cap W_2$.

Para o segundo item: quaisquer que sejam $u \in W_1 \cap W_2$ e $\alpha \in \mathbb{R}$, como $W_1$ e $W_2$ são subespaços vetoriais, então $\alpha u \in W_1$ e $\alpha u \in W_2$; uma vez que $\alpha u$ pertence aos dois subespaços, ele pertence à interseção, ou seja, $\alpha u \in W_1 \cap W_2$.

## Exemplo 2.11

Considere o conjunto $S \subset M(3 \times 3)$ das matrizes triangulares superiores de ordem 3 e o conjunto $T \subset M(3 \times 3)$ das matrizes triangulares inferiores de ordem 3. Os conjuntos S e T são subespaços vetoriais de $M(3 \times 3)$. Vamos comprovar essa afirmação.

Observe as matrizes $T_1 = \begin{bmatrix} a & 0 & 0 \\ b & c & 0 \\ d & e & f \end{bmatrix}$ e $T_2 = \begin{bmatrix} g & 0 & 0 \\ h & i & 0 \\ j & k & l \end{bmatrix}$.

Temos $T_1 + T_2 = \begin{bmatrix} a & 0 & 0 \\ b & c & 0 \\ d & e & f \end{bmatrix} + \begin{bmatrix} g & 0 & 0 \\ h & i & 0 \\ j & k & l \end{bmatrix} = \begin{bmatrix} a+g & 0 & 0 \\ b+h & c+i & 0 \\ d+j & e+k & f+l \end{bmatrix}$.

Logo, a soma $T_1 + T_2$ é uma matriz triangular inferior, ou seja, pertence ao conjunto T. Seja $\alpha$ um número real qualquer, $\alpha T_1 = \begin{bmatrix} a & 0 & 0 \\ b & c & 0 \\ d & e & f \end{bmatrix} = \begin{bmatrix} \alpha a & 0 & 0 \\ \alpha b & c\alpha & 0 \\ \alpha d & \alpha e & \alpha f \end{bmatrix}$.

A matriz $\alpha T_1$ é do tipo triangular inferior, logo, também pertence ao conjunto T, e a matriz nula $O = \begin{bmatrix} 0 & 0 & 0 \\ 0 & 0 & 0 \\ 0 & 0 & 0 \end{bmatrix}$ também pertence a T. Logo, o conjunto T é um subespaço vetorial de $M(3 \times 3)$. Analogamente, também podemos demonstrar que S é um subespaço vetorial de $M(3 \times 3)$.

A interseção $T \cap S$ é o conjunto formado por todas as matrizes diagonais de ordem 3, que, pelo teorema anterior, é um subespaço vetorial de $M(3 \times 3)$.

> **Teorema**
> Seja V um espaço vetorial e sejam $W_1$ e $W_2$ subespaços vetoriais de V. O conjunto $W_1 + W_2 = \{(w_1 + w_2) \in V \ / \ w_1 \in W_1 \text{ e } w_2 \in W_2\}$ também é um subespaço vetorial de V.

**Demonstração**

Para mostrar que $W_1 + W_2$ seja um subespaço vetorial de V é preciso que ele satisfaça aos seguintes itens:

1. para quaisquer $u, v \in W_1 + W_2$, então $u + v \in W_1 + W_2$;
2. para quaisquer $u \in W_1 + W_2$ e $\alpha \in \mathbb{R}$, então $\alpha u \in W_1 + W_2$.

De fato, o primeiro item é satisfeito, pois para quaisquer $u, v \in W_1 + W_2$, temos então pela definição de $W_1 + W_2$ que $u = u_1 + u_2$ e $v = v_1 + v_2$, tais que $u_1$ e $v_1$ pertencem a $W_1$ e $u_2$ e $v_2$ pertencem a $W_2$. Logo, $u + v = (u_1 + u_2) + (v_1 + v_2)$; como são todos elementos do espaço V, satisfazem às propriedades; portanto, podemos reescrever $u + v = (u_1 + u_2) + (v_1 + v_2)$. Fazendo $u_1 + v_1 = w_1$ e $u_2 + v_2 = w_2$, concluímos que $u + v \in W_1 + W_2$. Para o segundo item, tomando $u \in W_1 + W_2$, então $u = u_1 + u_2$, tal que $u_1 \in W_1$ e $u_2 \in W_2$. Temos que $\alpha u = \alpha(u_1 + u_2)$; como são elementos de V, valem as propriedades de espaço vetorial e podemos escrever da seguinte maneira: $\alpha u = \alpha u_1 + \alpha u_2$. Logo, $\alpha u_1 \in W_1$ e $\alpha u_2 \in W_2$, pois $W_1$ e $W_2$ são subespaços vetoriais. Concluímos, então, que $\alpha u \in W_1 + W_2$.

## Exemplo 2.12

Considere os conjuntos $U = \{(x, 0, 0) \in \mathbb{R}^3 / x \in \mathbb{R}\}$ e $V = \{(0, y, 0) \in \mathbb{R}^3 / x \in \mathbb{R}\}$, $U, V \subset \mathbb{R}^3$. Determine se U e V são subespaços vetoriais. Descreva o conjunto $U + V$ e determine se ele é um subespaço vetorial de $\mathbb{R}^3$.

Vamos mostrar que U e V são subespaços vetoriais de $\mathbb{R}^3$. Para U temos as seguintes constatações:
- U não é vazio, pois para $x = 0$ temos $(0, 0, 0) \in U$.
- Sejam $u_1 = (x_1, 0, 0)$ e $u_2 = (x_2, 0, 0)$ elementos de U, $u_1 + u_2 = (x_1, 0, 0) + (x_2, 0, 0) = (x_1 + x_2, 0, 0)$. Logo, $u_1 + u_2 \in U$.
- Seja $\alpha$ um número real, $\alpha u_1 = \alpha(x_1, 0, 0) = (\alpha x_1, 0, 0)$. Portanto $\alpha u_1 \in U$.

Temos, então, que U é subespaço vetorial de $\mathbb{R}^3$. Para V, temos as seguintes constatações:
- V não é vazio, pois para $y = 0$ temos $(0, 0, 0) \in V$.
- Sejam $v_1 = (0, y_1, 0)$ e $v_2 = (0, y_2, 0)$ elementos de V, $v_1 + v_2 = (0, y_1, 0) + (0, y_2, 0) = (0, y_1 + y_2, 0)$. Logo, $v_1 + v_2 \in V$.
- Seja $\alpha$ um número real, $\alpha v_1 = \alpha(0, y_1, 0) = (0, \alpha y_1, 0)$. Portanto, $\alpha v_1 \in V$.

Temos que V é um subespaço vetorial de $\mathbb{R}^3$. O conjunto $U + V = \{(x, y, 0) \in \mathbb{R}^3 / x, y \in \mathbb{R}\}$, ou seja, todos os vetores de $\mathbb{R}^3$ que apresentam a última coordenada nula. Pelo teorema anterior, temos que $U + V$ é um subespaço vetorial de $\mathbb{R}^3$, já que U e V são subespaços.

Seja V um espaço vetorial e $W_1$ e $W_2$ subespaços vetoriais de V, tais que eles têm apenas o vetor nulo em comum, ou seja, $W_1 \cap W_2 = \{0\}$, denotamos $W_1 \oplus W_2$ no lugar de $W_1 + W_2$ e dizemos que $W = W_1 \oplus W_2$ é soma direta de $W_1$ e $W_2$.

> **Teorema**
>
> Seja V um espaço vetorial e sejam W, $W_1$ e $W_2$ subespaços vetoriais de V, tais que $W_1 \subset V$ e $W_2 \subset V$, então $W = W_1 \oplus W_2$ se, e somente se, todo elemento w de W se escreve de maneira única da forma $w = w_1 + w_2$, de modo que $w_1 \in W_1$ e $w_2 \in W_2$.

**Demonstração**

Se $W = W_1 \oplus W_2$, então todo elemento w de W se escreve de maneira única da forma $w = w_1 + w_2$, de modo que $w_1 \in W_1$ e $w_2 \in W_2$. Se $W = W_1 \oplus W_2$, então $W_1 \cap W_2 = \{0\}$. Consideremos w elemento de W e suponhamos que $w = w_1 + w_2 = u_1 + u_2$, de modo que $w_1$ e $u_1$ pertencem a $W_1$ e $w_2$ e $u_2$ pertencem a $W_2$. De $w_1 + w_2 = u_1 + u_2$ podemos escrever $w_1 - u_1 = u_2 - w_2$. Do lado esquerdo da igualdade temos um elemento de $W_1$ e do lado direito, um elemento de $W_2$. Como os elementos são iguais, ambos pertencem a $W_1$ e $W_2$ ao mesmo tempo; logo, pertencem a $W_1 \cap W_2$. Porém, vimos que $W_1 \cap W_2 = \{0\}$, portanto, $w_1 - u_1 = u_2 - w_2 = 0$, ou seja, $w_1 = u_1$ e $w_2 = u_2$; logo, $w = w_1 + w_2$ se escreve de maneira única, de modo que $w_1 \in W_1$ e $w_2 \in W_2$.

Se todo elemento w de W se escreve de maneira única da forma $w = w_1 + w_2$, de modo que $w_1 \in W_1$ e $w_2 \in W_2$, então $W = W_1 \oplus W_2$. Considere $u \in W_1 \cap W_2$ e que $W_1$ e $W_2$ são subespaços, então o vetor nulo pertence aos dois; logo, $0 \in W_1 \cap W_2$. Portanto, podemos escrever $u + 0 = 0 + u$, de modo que u, $0 \in W_1$ e 0, $u \in W_2$. Contudo, nossa hipótese diz que todo elemento w de W se escreve de maneira única como soma $w = w_1 + w_2$, de modo que $w_1 \in W_1$ e $w_2 \in W_2$. Portanto, concluímos que $u = 0$, $u \in W_1 \cap W_2$. Logo, $W_1 \cap W_2 = \{0\}$, o que implica $W = W_1 \oplus W_2$.

## Exemplo 2.13

Considere os subespaços $U \subset \mathbb{R}^3$, formados por todos os vetores de $\mathbb{R}^3$ que tem as três coordenadas iguais, ou seja, se $u \in U$, temos $u = (x, x, x)$, e $V \subset \mathbb{R}^3$ formado por todos os vetores de $\mathbb{R}^3$ que tem a segunda coordenada igual a zero, ou seja, são da forma $v = (x, 0, z)$. Vamos verificar que $\mathbb{R}^3 = U \oplus V$.

Seja $w = (x, y, z)$ um vetor qualquer de $\mathbb{R}^3$, temos que $w = (y, y, y) + (x - y, 0, z - y)$. Observe que $(y, y, y) \in U$, pois suas coordenadas são todas iguais e $(x - y, 0, z - y) \in V$, pois a segunda coordenada é nula, ou seja, qualquer vetor de $\mathbb{R}^3$ é escrito como soma de um elemento de U com um elemento de V: $\mathbb{R}^3 = U + V$. A interseção $U \cap V = \{(0, 0, 0)\}$, pois se existisse outro vetor na interseção diferente do nulo, por exemplo, um w, ele deveria pertencer a U e a V ao mesmo tempo, porém, se w pertence a U, ele é da forma $w = (x, x, x)$, Entretanto, para pertencer a V, a segunda coordenada deve ser igual a zero; contudo, isso só ocorre se $x = 0$, resultando que w seria o vetor nulo, mas supomos que ele não era o nulo. Assim, $U \cap V = \{(0, 0, 0)\}$. Podemos concluir que $\mathbb{R}^3 = U \oplus V$.

## 2.2.1 Combinação linear

Em combinação linear de vetores, como o próprio nome sugere, vamos "combinar" somas, vetores e seus múltiplos. Por exemplo, o vetor $(1,2,9)$ pode ser escrito como $(1,2,9) = 2(2,3,5) - (3,4,1)$, ou seja, $(1,2,9)$ é uma combinação linear dos vetores $(2,3,5)$ e $(3,4,1)$. Vejamos a definição:

Seja V um espaço vetorial e sejam $v_1, v_2, v_3, \ldots, v_n \in V$ e $\alpha_1, \alpha_2, \alpha_3, \ldots, \alpha_n \in \mathbb{R}$, dizemos que $v \in V$ é combinação linear de $v_1, v_2, v_3, \ldots, v_n$ se $v = \alpha_1 v_1 + \alpha_2 v_2 + \alpha_3 v_3 + \ldots + \alpha_n v_n$.

### Exercício resolvido

Mostre que a matriz $E = \begin{bmatrix} -1 & 8 \\ 18 & 3 \end{bmatrix}$ pode ser escrita como combinação linear das matrizes:

$$A = \begin{bmatrix} 1 & 0 \\ 3 & 2 \end{bmatrix} \quad B = \begin{bmatrix} 0 & 2 \\ 1 & 3 \end{bmatrix} \quad C = \begin{bmatrix} -1 & 4 \\ 3 & -2 \end{bmatrix} \quad D = \begin{bmatrix} 0 & 1 \\ -2 & -4 \end{bmatrix}$$

#### Resolução

Se E pode ser escrita como combinação linear de A, B, C e D, então existem números reais a, b, c, d tais que:

$$E = aA + bB + cC + dD$$

$$\begin{bmatrix} -1 & 8 \\ 18 & 3 \end{bmatrix} = a\begin{bmatrix} 1 & 0 \\ 3 & 2 \end{bmatrix} + b\begin{bmatrix} 0 & 2 \\ 1 & 3 \end{bmatrix} + c\begin{bmatrix} -1 & 4 \\ 3 & -2 \end{bmatrix} + d\begin{bmatrix} 0 & 1 \\ -2 & -4 \end{bmatrix}$$

$$\begin{bmatrix} -1 & 8 \\ 18 & 3 \end{bmatrix} = \begin{bmatrix} a & 0 \\ 3a & 2a \end{bmatrix} + \begin{bmatrix} 0 & 2b \\ b & 3b \end{bmatrix} + \begin{bmatrix} -c & 4c \\ 3c & -2c \end{bmatrix} + \begin{bmatrix} 0 & d \\ -2d & -4d \end{bmatrix}$$

$$\begin{bmatrix} -1 & 8 \\ 18 & 3 \end{bmatrix} = \begin{bmatrix} a-c & 2b+4c+d \\ 3a+b+3c-2d & 2a+3b-2c-4d \end{bmatrix}$$

Temos, então, o seguinte sistema:

$$\begin{cases} a - c = -1 \\ 2b + 4c + d = 8 \\ 3a + b + 3c - 2d = 18 \\ 2a + 3b - 2c - 4d = 3 \end{cases}$$

Vamos resolver aplicando o que aprendemos no primeiro capítulo. Vamos resolver por meio do escalonamento da matriz do sistema.

$$\begin{bmatrix} 1 & 0 & -1 & 0 & -1 \\ 0 & 2 & 4 & 1 & 8 \\ 3 & 1 & 3 & -2 & 18 \\ 2 & 3 & -2 & -4 & 3 \end{bmatrix} \begin{matrix} \\ L_3 \to -3L_1 + L_3 \\ L_4 \to -2L_1 + L_4 \end{matrix} \begin{bmatrix} 1 & 0 & -1 & 0 & -1 \\ 0 & 2 & 4 & 1 & 8 \\ 0 & 1 & 6 & -2 & 21 \\ 0 & 3 & 0 & -4 & 5 \end{bmatrix}$$

$$\begin{bmatrix} 1 & 0 & -1 & 0 & -1 \\ 0 & 2 & 4 & 1 & 8 \\ 0 & 1 & 6 & -2 & 21 \\ 0 & 3 & 0 & -4 & 5 \end{bmatrix} L_2 \to \frac{L_2}{2} \begin{bmatrix} 1 & 0 & -1 & 0 & -1 \\ 0 & 1 & 2 & 1/2 & 4 \\ 0 & 1 & 6 & -2 & 21 \\ 0 & 3 & 0 & -4 & 5 \end{bmatrix}$$

$$\begin{bmatrix} 1 & 0 & -1 & 0 & -1 \\ 0 & 1 & 2 & 1/2 & 4 \\ 0 & 1 & 6 & -2 & 21 \\ 0 & 3 & 0 & -4 & 5 \end{bmatrix} \begin{matrix} \\ L_3 \to -L_2 + L_3 \\ L_4 \to -3L_2 + L_4 \end{matrix} \begin{bmatrix} 1 & 0 & -1 & 0 & -1 \\ 0 & 1 & 2 & 1/2 & 4 \\ 0 & 0 & 4 & -5/2 & 17 \\ 0 & 0 & -6 & -11/2 & -7 \end{bmatrix}$$

$$\begin{bmatrix} 1 & 0 & -1 & 0 & -1 \\ 0 & 1 & 2 & 1/2 & 4 \\ 0 & 0 & 4 & -5/2 & 17 \\ 0 & 0 & -6 & -11/2 & -7 \end{bmatrix} L_4 \to 6L_3 + 4L_4 \begin{bmatrix} 1 & 0 & -1 & 0 & -1 \\ 0 & 1 & 2 & 1/2 & 4 \\ 0 & 0 & 4 & -5/2 & 17 \\ 0 & 0 & 0 & 37 & -74 \end{bmatrix}$$

Com a matriz na forma escalonada, temos o seguinte sistema:

$$\begin{cases} a - c = -1 \\ b + 2c + \dfrac{d}{2} = 4 \\ 4c - \dfrac{5}{2}d = 17 \\ 37d = -74 \end{cases}$$

Da última equação, temos que d = −2. Substituindo na terceira equação o valor de d, temos o seguinte resultado:

Da última equação temos d = −2, e substituindo d na terceira equação, temos

$$4c - \frac{5}{2} \cdot -2 = 17$$
$$4c - 5 = 17$$
$$4c = 12$$
$$c = 3$$

Substituindo d = −2 e c = 3 na segunda equação, temos:

$$b + 2 \cdot 3 - \frac{2}{2} = 4$$
$$b + 6 - 1 = 4$$
$$b = 4 - 5$$
$$b = -1$$

Substituindo c = 3 na primeira equação, temos:

$$a - 3 = -1$$
$$a = -1 + 3$$
$$a = 2$$

A solução é a = 2, b = −1, c = 3 e d = −2. Logo, podemos escrever que $D = 2A - B + 3C - 2D$, ou seja, E pode ser escrito como combinação linear de A, B, C e D.

## Exemplo 2.14

Considere os polinômios $p(x) = 2x^2 + 3x + 5$, $q(x) = x^2 + 1$, $r(x) = 2x$ e $s(x) = 5x^2 - 4x + 11$. Mostre que $s(x)$ é combinação linear de $p(x)$, $q(x)$ e $r(x)$.

Se $s(x)$ é combinação linear de $p(x)$, $q(x)$ e $r(x)$, então encontraremos números reais a, b e c, tais que $s(x) = ap(x) + bq(x) + cr(x,)$. Temos:

$$s(x) = ap(x) + bq(x) + cr(x)$$
$$5x^2 - 4x + 11 = a(2x^2 + 3x + 5) + b(x^2 + 1) + c(2x)$$
$$5x^2 - 4x + 11 = 2ax^2 + 3ax + 5a + bx^2 + b + 2cx$$
$$5x^2 - 4x + 11 = (2a + b)x^2 + (3a + 2c)x + 5a + b$$

Montando o sistema, temos:

$$\begin{cases} 2a + b = 5 \\ 3a + 2c = -4 \\ 5a + b = 11 \end{cases}$$

Podemos resolver o sistema utilizando a regra de Cramer:

$$a = \frac{\begin{vmatrix} 5 & 1 & 0 \\ -4 & 0 & 2 \\ 11 & 1 & 0 \end{vmatrix}}{\begin{vmatrix} 2 & 1 & 0 \\ 3 & 0 & 2 \\ 5 & 1 & 0 \end{vmatrix}} = \frac{12}{6} = 2 \quad b = \frac{\begin{vmatrix} 2 & 5 & 0 \\ 3 & -4 & 2 \\ 5 & 1 & 0 \end{vmatrix}}{\begin{vmatrix} 2 & 1 & 0 \\ 3 & 0 & 2 \\ 5 & 1 & 0 \end{vmatrix}} = \frac{6}{6} = 1 \quad c = \frac{\begin{vmatrix} 2 & 1 & 5 \\ 3 & 0 & -4 \\ 5 & 1 & 1 \end{vmatrix}}{\begin{vmatrix} 2 & 1 & 0 \\ 3 & 0 & 2 \\ 5 & 1 & 0 \end{vmatrix}} = -\frac{30}{6} = -5$$

Portanto, s(x) é combinação linear de p(x), q(x) e r(x), pois s(x) = 2 p(x) + q(x) − 5 r(x).

## Exemplo 2.15

Considere os vetores de $\mathbb{R}^3$: u = (2,3,1), v = (1,0,1) e w = (0,1,2). Verifique se u é combinação linear de v e w.

Para confirmar que u é combinação linear de v e w, devemos encontrar números reais a e b que satisfaçam a igualdade: u = av + bw:

$$u = av + bw = a(1,0,1) + b(0,1,2) = (a,0,a) + (0,b,2b) = (a,b,a+2b)$$

$$u = (2,3,1) = (a,b,a+2b)$$

As coordenadas correspondentes devem ser iguais, então temos o seguinte sistema:

$$\begin{cases} a = 2 \\ b = 3 \\ a + 2b = 1 \end{cases}$$

No entanto, se a = 2 e b = 3, substituindo esses valores na última igualdade, temos que 8 = 1, algo absurdo! Logo, não é possível encontrar números reais a e b que satisfaçam o sistema, portanto, u não é combinação linear de v e w.

## Exemplo 2.16

Considere os vetores de $\mathbb{R}^2$: $u = (10,7)$, $v = (1,0)$, $w = (0,1)$ e $z = (2,3)$. Verifique se u é combinação linear de v, w e z.

Para que u seja combinação linear de v, w e z, devemos encontrar números reais a, b e c que satisfaçam a igualdade: u = av + bw + cz.

$$u = a(1,0) + b(0,1) + c(2,3) = (a,0) + (0,b) + (2c,3c)$$
$$(10,7) = (a+2c, b+3c)$$

O sistema correspondente é o seguinte:

$$\begin{cases} a + 2c = 10 \\ b + 3c = 7 \end{cases}$$

Temos que $a = 10 - 2c$ e $b = 7 - 3c$, portanto, existem infinitas soluções para o sistema, c pode assumir todos os valores. Logo, existem infinitas maneiras de escrever u como combinação linear de v, w e z; para cada valor de c temos uma combinação linear. Por exemplo, se c = 1, temos que u = 8a + 4b + c. E se c = 2, temos outra combinação: u = 6v + w + 2z.

Observe com os exemplos desta seção que a combinação linear de vetores está relacionada à resolução de sistemas, os quais, por sua vez, estão relacionados a matrizes. Desse modo, note que estamos utilizando neste capítulo os conteúdos do primeiro.

## 2.2.2 Subespaços gerados

Dado um conjunto de vetores, o que resulta de todas as combinações lineares desses vetores dados? Veremos que pode resultar em um espaço vetorial, por exemplo. Dado um conjunto de vetores, será possível encontrar um subconjunto em que todas as combinações lineares dos elementos desse subconjunto resultem no conjunto todo? Sim, é possível. A esse subconjunto gerado damos o nome de *subespaço gerado*.

Considere V um espaço vetorial e X um subconjunto de V. O conjunto de todas as combinações lineares $\alpha_1 v_1 + \alpha_2 v_2 + \alpha_3 v_3 + \ldots + \alpha_n v_n$, de modo que $v_1, v_2, v_3, \ldots, v_n$ são elementos de X, é um subespaço vetorial de V chamado de *subespaço gerado por X* – denotaremos por $S(X) = [v_1, v_2, v_3, \ldots, v_n]$. Além disso, o subespaço $S(X)$ é o menor subespaço de V que contém o conjunto X, ou seja, para qualquer outro subespaço W de V, que contém X, temos que W contém $S(X)$. Se X é um subespaço vetorial de V, então $S(X) = X$. E se $V = S(X)$, então dizemos que X é um conjunto de geradores de V; logo, todo vetor $w \in V$ pode ser escrito como combinação linear de $v_1, v_2, v_3, \ldots, v_n$, ou seja, $w = \alpha_1 v_1 + \alpha_2 v_2 + \alpha_3 v_3 + \ldots + \alpha_n v_n$.

### Exemplo 2.17

No espaço vetorial $\mathbb{R}^n$, considere os seguintes vetores:

$$e_1 = (1,0,0,0,\ldots,0)$$
$$e_2 = (0,1,0,0,\ldots,0)$$
$$e_3 = (0,0,1,0,\ldots,0)$$
$$\vdots$$
$$e_n = (0,0,0,0,\ldots,1)$$

Para qualquer vetor $v = (\alpha_1, \alpha_2, \alpha_3, \ldots, \alpha_n)$ de $\mathbb{R}^n$ temos que $v = \alpha_1 e_1 + \alpha_2 e_2 + \alpha_3 v_3 + \ldots + \alpha_n v_n$, então o conjunto formado pelos vetores $e_1, e_2, \ldots, e_n$ gera o espaço $\mathbb{R}^n$. Chamamos os vetores $e_1, e_2, \ldots, e_n$ de vetores canônicos de $\mathbb{R}^n$.

## Exemplo 2.18

Determine se o conjunto dado gera o espaço $\mathbb{R}^2$:

**a.** $U = \{(1,1), (0,1)\}$

Gerar $\mathbb{R}^2$ significa que qualquer vetor (x,y) do $\mathbb{R}^2$ pode ser escrito como combinação linear dos vetores (1,1) e (0,1), precisamos encontrar a e b que satisfaçam às seguintes igualdades:

$$(x,y) = a(1,1) + b(0,1)$$
$$(x,y) = (a,a) + (0,b)$$
$$(x,y) = (a, a+b)$$

O sistema é $\begin{cases} x = a \\ y = a + b \end{cases}$, e precisamos encontrar a e b; temos a = x. Substituindo a = x na segunda igualdade, temos y = x + b; logo, b = y − x. Temos, então, $(x,y) = x(1,1) + (y-x)(0,1)$, portanto, qualquer vetor (x,y) do $\mathbb{R}^2$ pode ser escrito como combinação linear dos vetores (1,1) e (0,1). Desse modo, concluímos que U gera o $\mathbb{R}^2$.

Pense em um vetor qualquer do $\mathbb{R}^2$; ele pode ser escrito como combinação linear dos vetores de U, segundo a igualdade $(x,y) = x(1,1) + (y-x)(0,1)$. Por exemplo, o vetor (39, −190), substituindo x = 39 e y = −190 na igualdade temos: (39, − 190) = 39(1,1) + 151(0,1).

**b.** $V = \{(1,2), (2,4)\}$

Para gerar $\mathbb{R}^2$, qualquer vetor (x,y) do $\mathbb{R}^2$ pode ser escrito como combinação linear dos vetores de V, ou seja, precisamos encontrar a e b que satisfaçam às seguintes igualdades:

$$(x,y) = a(1,2) + b(2,4)$$
$$(x,y) = (a, 2a) + (2b, 4b)$$
$$(x,y) = (a + 2b, 2a + 4b)$$

O sistema associado é $\begin{cases} x = a + 2b \\ y = 2a + 4b \end{cases}$. Multiplicando a primeira igualdade por 2, temos $\begin{cases} 2x = 2a + 4b \\ y = 2a + 4b \end{cases}$; subtraindo a segunda igualdade da primeira igualdade, temos $2x - y = 0$, porém, a igualdade só é válida quando $2x = y$, ou seja, não vale para quaisquer valores de x e y. Por exemplo, o vetor (1,3) não pode ser escrito como combinação linear dos vetores (1,2) e (2,4); como vimos, só é possível ser escrito como combinação linear para $2x = y$, e em (1,3) temos que $y = 3x$. Portanto, um vetor qualquer de (x,y) não pode ser escrito como combinação linear dos vetores de V. Logo, $\mathbb{R}^2$ não é gerado por V.

**c.** $W = \{(1,0), (1,1), (1,3)\}$

Vamos verificar se qualquer vetor (x,y) do $\mathbb{R}^2$ é escrito como combinação linear dos vetores de W:

$$(x,y) = a(1,0) + b(1,1) + c(1,3)$$
$$(x,y) = (a,0) + (b,b) + (c,3c)$$
$$(x,y) = (a+b+c, b+3c)$$

O sistema associado é $\begin{cases} x = a + b + c \\ y = b + 3c \end{cases}$. Buscamos encontrar a, b e c. Na segunda equação, temos que $b = y - 3c$; substituindo $b = y - 3c$ na primeira e isolando a, temos $a = x - y + 2c$. Assim, obtemos infinitas soluções, pois c pode assumir qualquer valor: $(x,y) = (x - y + 2c)(1,0) + (y - 3c)(1,1) + c(1,3)$. Portanto, cada elemento do $\mathbb{R}^2$ pode ser escrito de infinitas maneiras, como combinação linear dos vetores de W. Então, W gera $\mathbb{R}^2$.

Por exemplo, o vetor $(-23, 18)$ pode ser escrito como combinação linear dos vetores (1,0), (1,1) e (1,3):

$$(x,y) = (x - y + 2c)(1,0) + (y - 3c)(1,1) + c(1,3)$$
$$(-23,18) = (-23 - 18 + 2c)(1,0) + (18 - 3c)(1,1) + c(1,3)$$
$$(-23,18) = (-41 + 2c)(1,0) + (18 - 3c)(1,1) + c(1,3)$$

$(-23, 18)$ pode ser escrito de infinitas maneiras como combinação linear dos vetores de W. Veja alguns exemplos:

Com c = 1; temos: $(-23,18) = (-41 + 2)(1,0) + (18 - 3)(1,1) + (1,3) = -39(1,0) + 15(1,1) + (1,3)$

Já com c = 0; temos: (–23,18) = (–41 + 0)(1,0) + (18 – 0)(1,1) + 0(1,3) = –39(1,0) + 18(1,1) + 0(1,3)

E também com c = –2; temos: (–23,18) = (–41 + 2 · –2)(1,0) + (18 – 3 · –2)(1,1) + (–2)(1,3) = –45(1,0) + 12(1,1) – 2(1,3)

### Exemplo 2.19
No espaço vetorial $\mathbb{R}^2$, descreva geometricamente o conjunto $S(X) = [(1,2)]$, ou seja, o subespaço gerado pelo vetor (1,2).

O subespaço gerado pelo vetor (1,2) compreende todas as combinações lineares do vetor (1,2), ou seja,

$$(x,y) = a(1,2)$$
$$(x,y) = (a,2a)$$

No sistema $\begin{cases} x = a \\ y = 2a \end{cases}$, substituindo x = a na segunda equação, temos y = 2x. De volta à igualdade, temos: $(x,y) = (a,2a) = (x,2x)$.

O subespaço gerado pelo vetor (1,2) compreende todos os vetores com coordenadas $(x,2x)$, ou seja, são todos os vetores múltiplos do vetor (1,2), ou seja, S(X) é a reta de equação y = 2x.

## 2.3 Bases
Nesta seção, vamos relacionar os conceitos de combinação linear, dependência linear e de espaço gerado, pois é isso que precisamos para compreender bases. As bases caracterizam os espaços vetoriais, elas dizem como é o espaço referente a elas e são um conjunto "simplificado" no qual podemos trabalhar mais facilmente. Quando atribuímos uma base a um espaço vetorial, estamos colocando um referencial no espaço; qualquer vetor pode ser escrito de maneira única como combinação linear dos vetores da base.

### 2.3.1 Dependência linear
A dependência linear aparece na geometria analítica, que trabalha com os espaços bidimensionais e tridimensionais. Com base nos estudos desse ramo da geometria, podemos entender, no espaço bidimensional, que dois vetores são linearmente independentes se eles não são paralelos, caso contrário, são linearmente dependentes. Em espaços tridimensionais, dois vetores são linearmente dependentes se são paralelos, caso contrário, são linearmente independentes; o conjunto com três vetores é linearmente dependente se são paralelos a um mesmo plano, caso contrário, são linearmente independentes. Logo, existe uma interpretação geométrica. Em álgebra linear,

a dependência linear deve ser válida para qualquer conjunto de vetores, e, como já vimos nos capítulos anteriores, eles podem ser funções, polinômios, matrizes, enfim, diferentes objetos.

Considere V um espaço vetorial e X um subconjunto de V. Dizemos que X é linearmente independente:
- se só tiver um elemento não nulo, ou seja, $X = \{v\}$ e $v \neq 0$;
- se tiver mais de um elemento, todo elemento v de X não é combinação linear dos demais elementos de X.

Se X é linearmente independente, então seus elementos são vetores linearmente independentes.

> **Preste atenção!**
> Um conjunto X linearmente independente tem todos os seus elementos diferentes do vetor nulo, pois o vetor nulo é a combinação linear de quaisquer outros vetores:
> $0 = 0v_1 + 0v_2 + 0v_3 + \ldots + 0v_n$.

Considere um espaço vetorial V e um subconjunto X de V. Dizemos que X é linearmente dependente se não for linearmente independente, ou seja, para algum vetor v de X ele é combinação linear dos demais vetores de X, ou $X = \{0\}$.

> **Notação**
> Vamos usar LI para denotar linearmente independente e LD para denotar linearmente dependente.

> **Teorema**
> Considere V um espaço vetorial. O conjunto X de V é LI se, e somente se, sendo $v_1, v_2, v_3, \ldots, v_n \in X$ e $\alpha_1 v_1 + \alpha_2 v_2 + \alpha_3 v_3 + \ldots + \alpha_n v_n = 0$.
> Então, $\alpha_1 = \alpha_2 = \alpha_3 = \ldots = \alpha_n = 0$.

> **Teorema**
> Considere V um espaço vetorial. O conjunto X de V é LD se, e somente se, sendo $v_1, v_2, v_3, \ldots, v_n \in X$ e $\alpha_1 v_1 + \alpha_2 v_2 + \alpha_3 v_3 + \ldots + \alpha_n v_n = 0$.

Então, algum $\alpha_i \neq 0$.

## Exemplo 2.20

Considere os conjuntos $X = \{(1,1,0),(1,4,5),(3,6,5)\}$ e $Y = \{(1,1,0),(1,2,3),(3,4,5)\}$; vamos determinar se são LI ou LD.

Para o conjunto X temos:

$$\alpha_1(1,1,0) + \alpha_2(1,4,5) + \alpha_3(3,6,5) = (0,0,0)$$

$$(\alpha_1, \alpha_1, 0) + (\alpha_2, 4\alpha_2, 5\alpha_2) + (3\alpha_3, 6\alpha_3, 5\alpha_3) = (0,0,0)$$

$$(\alpha_1 + \alpha_2 + 3\alpha_3, \alpha_1 + 4\alpha_2 + 6\alpha_3, 5\alpha_2 + 5\alpha_3) = (0,0,0)$$

$$\begin{cases} \alpha_1 + \alpha_2 + 3\alpha_3 = 0 \\ \alpha_1 + 4\alpha_2 + 6\alpha_3 = 0 \\ 5\alpha_2 + 5\alpha_3 = 0 \end{cases}$$

A matriz associada ao sistema é a seguinte:

$$\begin{bmatrix} 1 & 1 & 3 & 0 \\ 1 & 4 & 6 & 0 \\ 0 & 5 & 5 & 0 \end{bmatrix}$$

Escalonando, temos:

$$\begin{bmatrix} 1 & 1 & 3 & 0 \\ 1 & 4 & 6 & 0 \\ 0 & 5 & 5 & 0 \end{bmatrix} L_2 \to -L_1 + L_2 \begin{bmatrix} 1 & 1 & 3 & 0 \\ 0 & 3 & 3 & 0 \\ 0 & 5 & 5 & 0 \end{bmatrix} \begin{matrix} L_2 \to \dfrac{L_2}{3} \\ \\ L_3 \to \dfrac{L_3}{5} \end{matrix} \begin{bmatrix} 1 & 1 & 3 & 0 \\ 0 & 1 & 1 & 0 \\ 0 & 1 & 1 & 0 \end{bmatrix}$$

$$\begin{bmatrix} 1 & 1 & 3 & 0 \\ 0 & 1 & 1 & 0 \\ 0 & 1 & 1 & 0 \end{bmatrix} L_3 \to -L_2 + L_3 \begin{bmatrix} 1 & 1 & 3 & 0 \\ 0 & 1 & 1 & 0 \\ 0 & 0 & 0 & 0 \end{bmatrix}$$

Da segunda linha, temos que $\alpha_2 + \alpha_3 = 0$; logo, $\alpha_2 = -\alpha_3$. Da primeira linha, temos $\alpha_1 + \alpha_2 + 3\alpha_3 = 0$; substituindo $\alpha_2 = -\alpha_3$, obtemos $\alpha_1 - \alpha_3 + 3\alpha_3 = 0$. Portanto, $\alpha_1 = -2\alpha_3$. Assim, temos infinitas soluções; para cada $\alpha_3$ temos uma solução. Vamos escolher uma solução para apresentar, por exemplo, $\alpha_3 = -1$. Temos $\alpha_2 = -\alpha_3 = -(-1) = 1$ e $\alpha_1 = -2\alpha_3 = -2(-1) = 2$, que é uma solução diferente da solução nula; então X é LD.

Para o conjunto Y, temos:

$$\alpha_1(1,1,0) + \alpha_2(1,2,3) + \alpha_3(3,4,5) = (0,0,0)$$

$$(\alpha_1, \alpha_1, 0) + (\alpha_2, 2\alpha_2, 3\alpha_2) + (3\alpha_3, 4\alpha_3, 5\alpha_3) = (0,0,0)$$

$$(\alpha_1 + \alpha_2 + 3\alpha_3, \alpha_1 + 2\alpha_2 + 4\alpha_3, 3\alpha_2 + 5\alpha_3) = (0,0,0)$$

$$\begin{cases} \alpha_1 + \alpha_2 + 3\alpha_3 = 0 \\ \alpha_1 + 2\alpha_2 + 4\alpha_3 = 0 \\ 3\alpha_2 + 5\alpha_3 = 0 \end{cases}$$

A matriz do sistema é a seguinte:

$$\begin{bmatrix} 1 & 1 & 3 & 0 \\ 1 & 2 & 4 & 0 \\ 0 & 3 & 5 & 0 \end{bmatrix}$$

Escalonando:

$$\begin{bmatrix} 1 & 1 & 3 & 0 \\ 1 & 2 & 4 & 0 \\ 0 & 3 & 5 & 0 \end{bmatrix} L_2 \to -L_1 + L_2 \begin{bmatrix} 1 & 1 & 3 & 0 \\ 0 & 1 & 1 & 0 \\ 0 & 3 & 5 & 0 \end{bmatrix} L_3 \to -3L_2 + L_3 \begin{bmatrix} 1 & 1 & 3 & 0 \\ 0 & 1 & 1 & 0 \\ 0 & 0 & 2 & 0 \end{bmatrix}$$

Temos:

$$\begin{cases} \alpha_1 + \alpha_2 + 3\alpha_3 = 0 \\ \alpha_2 + \alpha_3 = 0 \\ 2\alpha_3 = 0 \end{cases}$$

Da última equação, temos que $\alpha_3 = 0$; substituindo os dados na segunda igualdade, obtemos $\alpha_2 = 0$ e, por fim, substituindo na primeira, o resultado é $\alpha_1 = 0$. O sistema admite somente a solução nula. Portanto, Y é LI.

## Exercício resolvido

Considere o espaço $\mathcal{P}_3$ e os polinômios $p(x) = x^3 - 3x^2 + 5x + 1$, $q(x) = x^3 - x^2 + 6x + 2$ e $r(x) = x^3 - 7x^2 + 4x$. Verifique se $\{p(x), q(x), r(x)\}$ é LI ou LD.

**Resolução**

Para verificarmos se o conjunto $\{p(x), q(x), r(x)\}$ é LI ou LD, vamos montar a seguinte equação:

$$\alpha_1 p + \alpha_2 q + \alpha_3 r = 0$$

$$\alpha_1 (x^3 - 3x^2 + 5x + 1) + \alpha_2 (x^3 - x^2 + 6x + 2) + \alpha_3 (x^3 - 7x^2 + 4x) = 0$$

$$x^3(\alpha_1+\alpha_2+\alpha_3)+x^2(-3\alpha_1-\alpha_2-7\alpha_3)+x(5\alpha_1+6\alpha_2+4\alpha_3)+\alpha_1+2\alpha_2=0$$

Então:

$$\begin{cases}\alpha_1+\alpha_2+\alpha_3=0\\-3\alpha_1-\alpha_2-7\alpha_3=0\\5\alpha_1+6\alpha_2+4\alpha_3=0\\\alpha_1+2\alpha_2=0\end{cases}$$

A matriz associada ao sistema e escalonando:

$$\begin{bmatrix}1&1&1&0\\-3&-1&-7&0\\5&6&4&0\\1&2&0&0\end{bmatrix}\begin{matrix}L_2\to 3L_1+L_2\\L_3\to -5L_1+L_3\\L_4\to -L_1+L_4\end{matrix}\begin{bmatrix}1&1&1&0\\0&2&-4&0\\0&1&-1&0\\0&1&-1&0\end{bmatrix}L_2\to\frac{L_2}{2}\begin{bmatrix}1&1&1&0\\0&1&-2&0\\0&1&-1&0\\0&1&-1&0\end{bmatrix}$$

$$L_4\to L_3-L_4\begin{bmatrix}1&1&1&0\\0&1&-2&0\\0&1&-1&0\\0&0&0&0\end{bmatrix}L_3\to -L_2+L_3\begin{bmatrix}1&1&1&0\\0&1&-2&0\\0&0&1&0\\0&0&0&0\end{bmatrix}$$

Temos da matriz escalonada que:

$$\begin{cases}\alpha_1+\alpha_2+\alpha_3=0\\\alpha_2-2\alpha_3=0\\\alpha_3=0\end{cases}$$

Substituindo $\alpha_3=0$, na segunda equação temos que $\alpha_2=0$. Substituindo $\alpha_3=\alpha_2=0$ na primeira equação, temos que $\alpha_1=0$. Logo, o conjunto é LI.

**Definição**

Considere V um espaço vetorial. Um conjunto B de V linearmente independente e que gera V é chamado de *base*, logo, todo vetor v de V é escrito de maneira única como uma combinação linear dos elementos de B.

Considerando $B=\{v_1,v_2v_3,\ldots,v_n\}$ e $v\in V$, temos $v=\alpha_1v_1+\alpha_2v_2+\alpha_3v_3+\ldots+\alpha_nv_n$, e os escalares $\alpha_1,\alpha_2,\alpha_3,\ldots,\alpha_n$ são chamados de *coordenadas de* v *na base* B. Podemos escrever as coordenadas como matriz coluna:

$$[v]_B = \begin{bmatrix} \alpha_1 \\ \alpha_2 \\ \alpha_3 \\ \vdots \\ \alpha_n \end{bmatrix}$$

## Exemplo 2.21

Vimos que os vetores canônicos em $\mathbb{R}^n$, $e_1 = (1, 0, 0, 0, ..., 0)$, $e_2 = (0, 1, 0, 0, ..., 0)$, ..., $e_n = (0, 0, 0, 0, ..., 1)$, geram o espaço $\mathbb{R}^n$ e que o conjunto $\{e_1, e_2, e_3, ..., e_n\}$ é LI. Então esse conjunto é uma base para $\mathbb{R}^n$, chamada de *base canônica de* $\mathbb{R}^n$.

## Exemplo 2.22

O subconjunto de $\mathcal{P}_n$, formado pelos monômios $\{1, x, x^2, ..., x^n\}$, é LI e gera o espaço vetorial $\mathcal{P}_n$, logo, o conjunto $\{1, x, x^2, ..., x^n\}$ é uma base para $\mathcal{P}_n$.

## Exercício resolvido

Mostre que o conjunto $\{x^4 + x - 1, \ x^3 - x + 1, x^2 - 1\}$ é LI, porém, não é base para o espaço vetorial $\mathcal{P}_4$.

### Resolução

Inicialmente, temos que mostrar que o conjunto dado é LI:

$$\alpha_1(x^4 + x - 1) + \alpha_2(x^3 - x + 1) + \alpha_3(x^2 - 1) = 0$$
$$\alpha_1 x^4 + \alpha_1 x - \alpha_1 + \alpha_2 x^3 - \alpha_2 x + \alpha_2 + \alpha_3 x^2 - \alpha_3 = 0$$
$$\alpha_1 x^4 + \alpha_2 x^3 + \alpha_3 x^2 + (\alpha_1 - \alpha_2)x - \alpha_1 + \alpha_2 - \alpha_3 = 0$$

Da igualdade de polinômios, temos:

$$\begin{cases} \alpha_1 = 0 \\ \alpha_2 = 0 \\ \alpha_3 = 0 \\ \alpha_1 - \alpha_2 = 0 \\ -\alpha_1 + \alpha_2 - \alpha_3 = 0 \end{cases}$$

Das equações apresentadas, temos que $a_1 = a_2 = a_3 = a_4 = 0$.
Logo, $\{x^4 + x - 1, \ x^3 - x + 1, x^2 - 1\}$ é LI.

Para mostrar que o conjunto não é base, e como é LI, vamos mostrar que ele não gera o espaço $\mathcal{P}_4$. Seja $p(x) = a_0 + a_1x + a_2x^2 + a_3x^3 + a_4x^4$ um polinômio qualquer de $\mathcal{P}_4$, escrevendo p(x) como combinação linear dos vetores de $\{x^4 + x - 1,\ x^3 - x + 1, x^2 - 1\}$, temos:

$$p(x) = a(x^4 + x - 1) + b(x^3 - x + 1) + c(x^2 - 1)$$
$$a_0 + a_1x + a_2x^2 + a_3x^3 + a_4x^4 = ax^4 + ax - a + bx^3 - bx + b + cx^2 - c$$
$$a_0 + a_1x + a_2x^2 + a_3x^3 + a_4x^4 = -a - c + (a - b)x + cx^2 + bx^3 + ax^4$$

Da igualdade de polinômios, temos:

$$\begin{cases} a_0 = -a - c \\ a_1 = a - b \\ a_2 = c \\ a_3 = b \\ a_4 = a \end{cases}$$

Substituindo $a_4 = a$, $a_2 = c$ na primeira equação, temos $a_0 = -a_4 - a_2$. Substituindo $a_3 = b$ e $a_4 = a$ na segunda equação, temos $a_1 = a_4 - a_3$. Logo, os termos $a_0$ e $a_1$ são dependem dos valores de $a_2, a_3$ e $a_4$, então não podemos escrever qualquer polinômio de $\mathcal{P}_4$ como uma combinação linear dos vetores $\{x^4 + x - 1,\ x^3 - x + 1, x^2 - 1\}$, pois a combinação linear só é possível para os vetores que satisfazem as condições $a_1 = a_4 - a_3$ e $a_0 = -a_4 - a_2$. Portanto, o conjunto dado não gera o espaço vetorial $P_4$.

### Exemplo 2.23

No Exemplo 2.18, vimos que o conjunto $W = \{(1,0),(1,1),(1,3)\}$ gera o espaço vetorial $\mathbb{R}^2$. Mostre que W é LD.

$$a(1,0) + b(1,1) + c(1,3) = (0,0)$$
$$(a,0) + (b,b) + (c,3c) = (0,0)$$
$$(a + b + c, b + 3c) = (0,0)$$

O sistema é $\begin{cases} a + b + c = 0 \\ b + 3c = 0 \end{cases}$; da segunda equação, temos b = −3c, substituindo b = −3c na primeira equação, temos a −3c + c = 0, logo, a = 2c. Portanto, temos infinitas soluções. Vamos escolher uma diferente da nula, c = 2, substituindo c = 2 na primeira equação, temos b = −6 e a = 4, Logo, a solução é não nula, então o conjunto W é LD.

> **Preste atenção!**
> Nem todo conjunto que é LI é base e nem todo conjunto que gera um espaço vetorial é base!

## Exercício resolvido

Represente na forma de matriz o vetor $u=(3,4,5)$ nas bases $C=\{(1,0,0),(0,1,0),(0,0,1)\}$ e $B=\{(1,1,0),(0,1,0),(1,0,1)\}$.

**Resolução**

Vamos determinar as coordenadas de u nas duas bases, primeiro para base C:

$$u = a(1,0,0) + b(0,1,0) + c(0,0,1)$$

$$(3,4,5) = (a,b,c)$$

Logo, as coordenadas de u na base C são (3,4,5), pois $u = 3(1,0,0) + 4(0,1,0) + 5(0,0,1)$.

$$u = \begin{bmatrix} 3 \\ 4 \\ 5 \end{bmatrix}$$

Em relação à base B, temos:

$$u = a(1,1,0) + b(0,1,0) + c(1,0,1)$$

$$u = (a,a,0) + (0,b,0) + (c,0,c)$$

$$(3,4,5) = (a+c, a+b, c)$$

O sistema correspondente é o seguinte:

$$\begin{cases} a + c = 3 \\ a + b = 4 \\ c = 5 \end{cases}$$

Substituindo a terceira igualdade, c = 5, na primeira equação, temos que a + 5 = 3, logo, a = –2. Substituindo a = –2 na segunda equação temos –2 + b = 4, então b = 6.

Logo, temos que $u = -2(1,1,0) + 6(0,1,0) + 5(1,0,1)$, portanto, as coordenadas de u na base B são (–2,6,5).

$$u = \begin{bmatrix} -2 \\ 6 \\ 5 \end{bmatrix}$$

> **Preste atenção!**
> A ordem dos elementos da base reflete nas coordenadas e, consequentemente, na matriz, por isso quando escrevermos a base estaremos considerando a ordem.

> **Teorema**
> Seja V um espaço vetorial gerado pelos vetores $v_1, v_2, v_3, \ldots, v_n$, então qualquer conjunto, em V, com mais de n vetores, é LD, portanto, qualquer conjunto LI tem no máximo n vetores.

**Corolário**

Seja V um espaço vetorial, se uma base de V tem n elementos, então qualquer base de V terá n elementos.

**Demonstração**

Seja uma base $B_1 = \{v_1, v_2, \ldots, v_n\}$ de V, considere uma outra base de V, $B_2 = \{u_1, u_2, \ldots, u_m\}$, então $B_2$ gera V e $B_1$ é LI, então, conforme o teorema anterior, temos que $n \leq m$, também $B_1$ gera V e $B_2$ é LI; então, temos que $m \leq n$, logo, $m = n$.

Se a base $B = \{v_1, v_2, v_3, \ldots, v_n\}$ do espaço vetorial V tem um número finito de elementos, n, dizemos que V tem dimensão finita e chamamos o número n de dimensão do espaço V – denotamos por **dimV**. O espaço vetorial $V = \{0\}$ tem dimensão zero.

## Exemplo 2.24

O espaço vetorial $M(m \times n)$ das matrizes de ordem $m \times n$ tem dimensão finita $m \cdot n$. O espaço $\mathcal{P}_n$ dos polinômios de ordem menor ou igual a n tem dimensão finita igual a $n+1$.

> **Teorema**
> Seja V um espaço vetorial de dimensão finita n, qualquer conjunto X linearmente independente de V pode ser completado para formar uma base de V.

**Demonstração**

Temos o conjunto $X = \{v_1, v_2, \ldots, v_m\}$ LI em V e dim V = n, conforme o último teorema apresentado, temos que $m \leq n$. Se X gera V, então X é base. Se X não gera V, isto é, se existe um vetor $w_1 \in V$, tal que $w$ não é combinação linear dos vetores de X, $w_1 \notin [v_1, v_2, \ldots, v_m]$, portanto, $X_1 = \{v_1, v_2, \ldots v_m, w_1\}$ é um conjunto LI. Então, se $X_1$ gera V, $X_1$ é uma base de V. Se $X_1$ não gera V, então existe um vetor $w_2$ de V que não é escrito como combinação linear dos vetores de $X_1$, ou seja, $w_2 \notin [v_1, v_2, \ldots, v_m, w_1]$, portanto, $X_2 = \{v_1, v_2, \ldots v_m, w_1, w_2\}$ é um conjunto LI. Desse modo, se esse conjunto gera V, ele é uma base, caso contrário, podemos repetir o processo, que é finito, pois $m \leq n$, ou seja, não tem mais do que n elementos.

Como consequência do último teorema apresentado, temos que, se V é um espaço vetorial de dimensão n, qualquer conjunto LI com n elementos forma uma base de V.

## Exemplo 2.25

Considere o conjunto $\{(1,1,0), (1,2,3), (3,4,5)\}$. Vimos que é um conjunto LI no espaço $\mathbb{R}^3$, que é um espaço vetorial de dimensão 3, portanto, o conjunto $\{(1,1,0), (1,2,3), (3,4,5)\}$, com 3 vetores, é uma base para $\mathbb{R}^3$.

Podemos relacionar o posto de uma matriz com a dependência linear, a base e os subespaços gerados. Se, em um conjunto de vetores $\{v_1, v_2, v_3, \ldots v_n\}$, suponhamos que $v_1$ tem a i-ésima coordenada diferente de zero e os demais vetores do conjunto, $v_2, v_3, \ldots v_n$ tem esta i-ésima coordenada nula, então o vetor $v_1$ não pode ser escrito como combinação linear dos demais. O subconjunto de $\{v_1, v_2, v_3, \ldots v_n\}$, formado por vetores não nulos tais que, se cada um dos vetores tem uma coordenada diferente de zero e a mesma coordenada for zero nos demais vetores, então o subconjunto será LI. Em termos de matrizes, deixar a matriz na forma escalonada corresponde a colocar os vetores em linha e escalonar. Na matriz escalonada, as linhas não nulas formam um conjunto LI. Seja V um espaço vetorial de dimensão finita, então todo conjunto X gerador de V contém uma base. Se um conjunto de vetores gera um espaço vetorial, esses vetores colocados em linha de uma matriz, ao serem escalonados, resultam, com as linhas não nulas, em um conjunto também gerador e, como vimos, LI, portanto, uma base para o espaço vetorial. O posto, que é o número de linhas não nulas, é a dimensão do espaço vetorial.

## Exemplo 2.26

Seja $V = [(1,3,-2,0), (4,3,1,1), (3,0,0,3)] \subset \mathbb{R}^4$, vamos encontrar uma base para V. Para isso, considere a matriz, cujas linhas são os vetores $(1,3,-2,0), (4,3,1,1)$ e $(3,0,0,3)$:

$$\begin{bmatrix} 1 & 3 & -2 & 0 \\ 4 & 3 & 1 & 1 \\ 3 & 0 & 0 & 3 \end{bmatrix}$$

Escalonando, temos a seguinte matriz:

$$\begin{bmatrix} 1 & 3 & -2 & 0 \\ 0 & -9 & 9 & 1 \\ 0 & 0 & -3 & 2 \end{bmatrix}$$

O conjunto $\{(1,3,-2,0),(0,-9,9,1),(0,0,-3,2)\}$ é uma base para V, logo, $\dim V = 3$.
Por exemplo, vamos usar escalonamento para determinar se um conjunto é LI, ou LD:
- Considere o conjunto $\{(1,3,4),(2,5,-1),(2,4,-10)\}$; temos a matriz:

$$\begin{bmatrix} 1 & 3 & 4 \\ 2 & 5 & -1 \\ 2 & 4 & -10 \end{bmatrix}$$

Escalonando a matriz, temos:

$$\begin{bmatrix} 1 & 3 & 4 \\ 0 & -1 & -9 \\ 0 & 0 & 0 \end{bmatrix}$$

Como há uma linha nula, isso significa que o vetor correspondente a ela é a combinação linear dos outros dois vetores, pois escalonar é operar com as linhas, isto é, vetores. Portanto, o conjunto é LD e o conjunto dos vetores resultantes, exceto o nulo; {(1,3,4), (0, −1, −9)} é LI.

### Exemplo 2.27
Considere o conjunto $W = \{(1,0),(1,1),(1,3)\}$. Vimos no Exemplo 2.18 que W gera o $\mathbb{R}^2$; também vimos no Exemplo 2.23 que W é LD. A partir de W, vamos encontrar uma base para $\mathbb{R}^2$.
Montando a matriz dos vetores e escalonando, temos:

$$\begin{bmatrix} 1 & 0 \\ 1 & 1 \\ 1 & 3 \end{bmatrix} \begin{matrix} L_2 \to -L_1 + L_2 \\ L_3 \to -L_1 + L_3 \end{matrix} \begin{bmatrix} 1 & 0 \\ 0 & 1 \\ 0 & -3 \end{bmatrix} L_3 \to 3L_2 + L_3 \begin{bmatrix} 1 & 0 \\ 0 & 1 \\ 0 & 0 \end{bmatrix}$$

Escalonando novamente, temos que {(0,1),(1,0)} é base de $\mathbb{R}^2$. Como, na forma escalonada a matriz apresenta uma linha nula, isso significa que o conjunto original $\{(1,0),(1,1),(1,3)\}$ é LD, como já sabemos.

### Teorema
Seja V um espaço vetorial de dimensão finita n, todo subespaço vetorial de V tem dimensão finita menor ou igual a n. Se a dimensão de um subespaço W de V é n, então V = W.

> **Teorema**
> Sejam V um espaço vetorial de dimensão finita n, U e W subespaços vetoriais de V, então
> $\dim(U+W) = \dim U + \dim W - \dim(U \cap W)$.

Esses dois últimos teoremas apresentados relacionam espaços e subespaços com suas dimensões. Para saber a dimensão de um espaço, podemos usar a dimensão de subespaços; vejamos alguns exemplos.

### Exercício resolvido

Sejam os subespaços de $\mathbb{R}^4$: U = [(1, 0, 0, 1), (0, 1, 0, 0)] e V = {(x, y, z, t) ∈ $\mathbb{R}^4$ / x + z = 0}. Qual é a dimensão de U + V e U ∩ V ?

**Resolução**

Vamos primeiramente determinar a dimensão de U = [(1, 0, 0, 1), (0, 1, 0, 0)]. Como U é gerado por {(1, 0, 0, 1), (0, 1, 0, 0)}, precisamos mostrar que esse conjunto é LI, de fato:

$$a(1, 0, 0, 1) + b(0, 1, 0, 0) = (0, 0, 0, 0)$$

$$(a, 0, 0, a) + (0, b, 0, 0) = (0, 0, 0, 0)$$

$$(a, b, 0, a) = (0, 0, 0, 0)$$

A única solução é a nula, a = b = 0, portanto, {(1, 0, 0, 1), (0, 1, 0, 0)} gera U e é LI, então {(1, 0, 0, 1), (0, 1, 0, 0)} é uma base para U, pois apresenta dois vetores a dim U = 2. Poderíamos ter usado o método da matriz escalonada para verificar que o conjunto é LI, pois colocando os dois vetores em linha, temos uma matriz já na forma escalonada, então os vetores formam um conjunto LI. Para o subespaço V = {(x, y, z, t) ∈ $\mathbb{R}^4$ / x + z = 0}, da condição x + z = 0, temos z = –x. Então, V é o subespaço vetorial formado por todos os vetores de $\mathbb{R}^4$ da forma (x, y, –x t). Podemos escrevê-los da seguinte maneira:

$$(x, y, -x\ t) = x(1, 0, -1, 0) + y(0, 1, 0, 0) + t(0, 0, 0, 1)$$

Temos que {(1, 0, –1, 0), (0, 1, 0, 0), (0, 0, 0, 1)} gera o subespaço V. Colocando os vetores em linhas, temos:

$$\begin{bmatrix} 1 & 0 & -1 & 0 \\ 0 & 1 & 0 & 0 \\ 0 & 0 & 0 & 1 \end{bmatrix}$$

A matriz já está na forma escalonada, então o conjunto é LI. Poderíamos ter resolvido por sistema a (1, 0, –1, 0) + b (0, 1, 0, 0) + c (0, 0, 0, 1) = (0, 0, 0, 0) e concluiríamos que a única solução é a = b = c = 0; logo, o conjunto é LI. Portanto, {(1, 0, –1, 0), (0, 1, 0, 0), (0, 0, 0, 1)} é base para V, e como tem 3 elementos, então V tem dimensão 3.

Para o subespaço U + V, que é gerado pela união dos geradores de U e de V, temos, então, que U + V = {(1, 0, 0, 1), (1, 0, –1, 0), (0, 1, 0, 0), (0, 0, 0, 1)}. Vamos determinar se {(1, 0, 0, 1), (1, 0, -1, 0), (0, 1, 0, 0), (0, 0, 0, 1)} é LI ou LD.

$$a(1,0,0,1)+b(1,0,-1,0)+c(0,1,0,0)+d(0,0,0,1)=(0,0,0,0)$$
$$(a+b,c,-b,a+d)=(0,0,0,0)$$

$$\begin{cases} a+b=0 \\ c=0 \\ -b=0 \\ a+d=0 \end{cases}$$

Logo, a única solução é a nula, a = b = c = d = 0, o que implica {(1, 0, 0, 1), (1, 0, -1, 0), (0, 1, 0, 0), (0, 0, 0, 1)} e, como também gera o subespaço U+V, então é uma base. Concluímos que a dimensão de U + V é 4, pois a base tem 4 elementos. Do último teorema apresentado, temos:

$$\dim(U+V)=\dim U+\dim V-\dim(U\cap V)$$
$$4=2+3-\dim(U\cap V)$$
$$\dim(U\cap V)=1$$

> **Pense a respeito**
>
> O texto *Mudanças de coordenadas em sistemas de cores* apresenta de forma clara e objetiva o sistema de cores e como realizar mudanças nesse sistema, além de apresentar aplicações da mudança de coordenadas.
>
> MOREIRA, B. T.; MACEDO, E. A. A. **Mudanças de coordenadas em sistemas de cores**.
> Disponível em: <http://www.mat.ufmg.br/gaal/aplicacoes/sistemas_de_coordenadas_de_cores.pdf>. Acesso em: 19 ago. 2016.

### 2.3.2 Mudança de base

Considere V um espaço vetorial, e:

$B = \{u_1, u_2, u_3, \ldots, u_n\}$ como base de V; então, se $v$ é um elemento de V, $v$ pode ser escrito como:

$$v = x_1u_1 + x_2u_2 + x_3u_3 + \ldots + x_nu_n$$

Na forma de matrizes, podemos escrever:

$$[v]_B = \begin{bmatrix} x_1 \\ x_2 \\ x_3 \\ \vdots \\ x_n \end{bmatrix}$$

$B_1 = \{w_1, w_2, w_3, \ldots w_n\}$ é outra base de V, então também podemos escrever $v$ como:

$$v = y_1w_1 + y_2w_2 + y_3w_3 + \ldots + y_nw_n$$

$$[v]_{B_1} = \begin{bmatrix} y_1 \\ y_2 \\ y_3 \\ \vdots \\ y_n \end{bmatrix}$$

Também podemos escrever os elementos de $B_1$, que são elementos de V, como uma combinação linear dos elementos de $B$:

$$w_1 = a_{11}u_1 + a_{21}u_2 + a_{31}u_3 + \ldots + a_{n1}u_n$$
$$w_2 = a_{12}u_1 + a_{22}u_2 + a_{32}u_3 + \ldots + a_{n2}u_n$$
$$w_3 = a_{13}u_1 + a_{23}u_2 + a_{33}u_3 + \ldots + a_{n3}u_n$$
$$\vdots$$
$$w_n = a_{1n}u_1 + a_{2n}u_2 + a_{3n}u_3 + \ldots + a_{nn}u_n$$

Substituindo os dados em:

$$v = y_1w_1 + y_2w_2 + y_3w_3 + \ldots + y_nw_n$$

Temos:

$$v = y_1(a_{11}u_1 + a_{21}u_2 + a_{31}u_3 + \ldots + a_{n1}u_n) + \ldots + y_n(a_{1n}u_1 + a_{2n}u_2 + a_{3n}u_3 + \ldots + a_{nn}u_n)$$

Reorganizando a equação, escrevemos:

$$v = (a_{11}y_1 + a_{12}y_2 + \ldots + a_{1n}y_n)u_1 + \ldots + (a_{n1}y_1 + a_{n2}y_2 + \ldots + a_{nn}y_n)u_n$$

Sabemos que $v$ é escrito de maneira única como uma combinação linear da base $B$, então, temos que:

$$v = x_1u_1 + x_2v_2 + x_3v_3 + \ldots + x_nv_n$$
$$= (a_{11}y_1 + a_{12}y_2 + \ldots + a_{1n}y_n)u_1 + \ldots + (a_{n1}y_1 + a_{n2}y_2 + \ldots + a_{nn}y_n)u_n$$

Logo:

$$x_1 = a_{11}y_1 + a_{12}y_2 + \ldots + a_{1n}y_n$$
$$x_2 = a_{21}y_1 + a_{22}y_2 + \ldots + a_{2n}y_n$$
$$\vdots$$
$$x_n = a_{n1}y_1 + a_{n2}y_2 + \ldots + a_{nn}y_n$$

Em termos de matrizes, temos:

$$\begin{bmatrix} x_1 \\ x_2 \\ \vdots \\ x_n \end{bmatrix} = \begin{bmatrix} a_{11} & a_{12} & \ldots & a_{1n} \\ a_{21} & a_{22} & \ldots & a_{2n} \\ \vdots & \vdots & \ddots & \vdots \\ a_{n1} & a_{n2} & \ldots & a_{nn} \end{bmatrix} \begin{bmatrix} y_1 \\ y_2 \\ \vdots \\ y_n \end{bmatrix}$$

Em termos das bases, escrevemos:

$$[v]_B = [I]_B^{B_1} [v]_{B_1}$$

De modo que $[I]_B^{B_1} = \begin{bmatrix} a_{11} & a_{12} & \ldots & a_{1n} \\ a_{21} & a_{22} & \ldots & a_{2n} \\ \vdots & \vdots & \ddots & \vdots \\ a_{n1} & a_{n2} & \ldots & a_{nn} \end{bmatrix}$ é chamada de m*atriz de mudança de base*, no caso da base $B_1$ para a base $B$, ou seja, qualquer vetor escrito na base $B_1$ com a matriz de mudança de base, pode ser escrito, mais facilmente, na base $B$.

## Exercício resolvido

Considerando o espaço vetorial $\mathbb{R}^2$, e as bases $B = \{(1,2),(1,0)\}$ e $B_1 = \{(3,1),(4,5)\}$, escreva a matriz de mudança da base $B$ para $B_1$ e a matriz de mudança da base $B_1$ para $B$. Utilizando as matrizes, escreva o vetor $(7,2)_B$ na base $B_1$ e o vetor $(6,2)_{B_1}$ na base $B$.

### Resolução

Para escrever a matriz de mudança da base $B$ para $B_1$, $[I]_{B_1}^{B}$, vamos escrever os vetores da base $B$ como uma combinação linear dos vetores da base $B_1$:

$$(1,2) = a(3,1) + b(4,5)$$

$$(1,0) = c(3,1) + d(4,5)$$

Resolvendo as equações, temos que:

$$(1,2) = \frac{-3}{11}(3,1) + \frac{5}{11}(4,5)$$

$$(1,0) = \frac{5}{11}(3,1) - \frac{1}{11}(4,5)$$

Então, $[I]_{B_1}^{B} = \begin{bmatrix} -\dfrac{3}{11} & \dfrac{5}{11} \\ \dfrac{5}{11} & -\dfrac{1}{11} \end{bmatrix}$; o vetor $(7,2)_B$ na base $B_1$ é:

$$\begin{bmatrix} -\dfrac{3}{11} & \dfrac{5}{11} \\ \dfrac{5}{11} & -\dfrac{1}{11} \end{bmatrix} \cdot \begin{bmatrix} 7 \\ 2 \end{bmatrix} = \begin{bmatrix} -1 \\ 3 \end{bmatrix}$$

Agora, para a matriz de mudança de base $B_1$ para $B$, $[I]_{B}^{B_1}$, vamos escrever os vetores da base $B_1$ como uma combinação linear dos vetores da base $B$:

$$(3,1) = a(1,2) + b(1,0)$$

$$(4,5) = c(1,2) + d(1,0)$$

Resolvendo, temos que:

$$(3,1) = \frac{1}{2}(1,2) + \frac{5}{2}(1,0)$$

$$(4,5) = \frac{5}{2}(1,2) + \frac{3}{2}(1,0)$$

Então, $\left[I\right]_{B_1}^{B} = \begin{bmatrix} \frac{1}{2} & \frac{5}{2} \\ \frac{5}{2} & \frac{3}{2} \end{bmatrix}$; o vetor $(6,2)_{B_1}$ na base B é:

$$\begin{bmatrix} \frac{1}{2} & \frac{5}{2} \\ \frac{5}{2} & \frac{3}{2} \end{bmatrix} \cdot \begin{bmatrix} 6 \\ 2 \end{bmatrix} = \begin{bmatrix} 8 \\ 18 \end{bmatrix}$$

Vimos que, sendo as bases B e $B_1$ de um espaço vetorial V, temos:

$$[v]_B = \left[I\right]_{B}^{B_1} [v]_{B_1}$$

A matriz de mudança de base $\left[I\right]_{B}^{B_1}$ é inversível, então, temos:

$$\left(\left[I\right]_{B}^{B_1}\right)^{-1} [v]_B = \left(\left[I\right]_{B}^{B_1}\right)^{-1} \left[I\right]_{B}^{B_1} [v]_{B_1}$$

$$\left(\left[I\right]_{B}^{B_1}\right)^{-1} [v]_B = [v]_{B_1}$$

Então a matriz inversa de $\left[I\right]_{B}^{B_1}$ é a matriz de mudança de base B para $B_1$, ou seja, $\left(\left[I\right]_{B}^{B_1}\right)^{-1} = \left[I\right]_{B_1}^{B}$.

## Exemplo 2.28

Considere o plano cartesiano e a base canônica $\{e_1, e_2\} = \{(1,0),(0,1)\}$, sejam os vetores u e v, obtidos da rotação dos vetores $e_1$ e $e_2$ como indicado na figura a seguir.

**Figura 2.8** – Rotação no plano

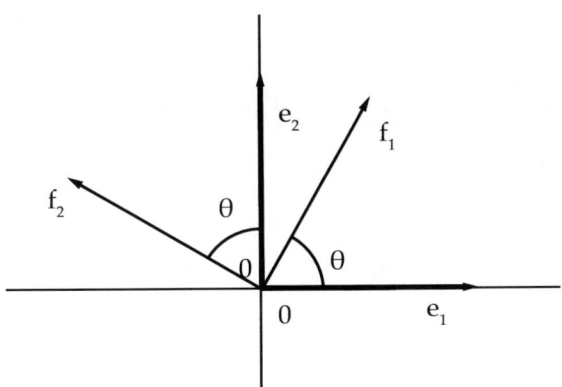

Na figura apresentada, temos as bases $B = \{e_1, e_2\}$ e $B_1 = \{f_1, f_2\}$. Vamos escrever a matriz de mudança de base $B$ para $B_1$; para isso, vamos escrever os vetores da base canônica como uma combinação linear dos vetores $f_1$ e $f_2$.

**Figura 2.9** – Mudança de base

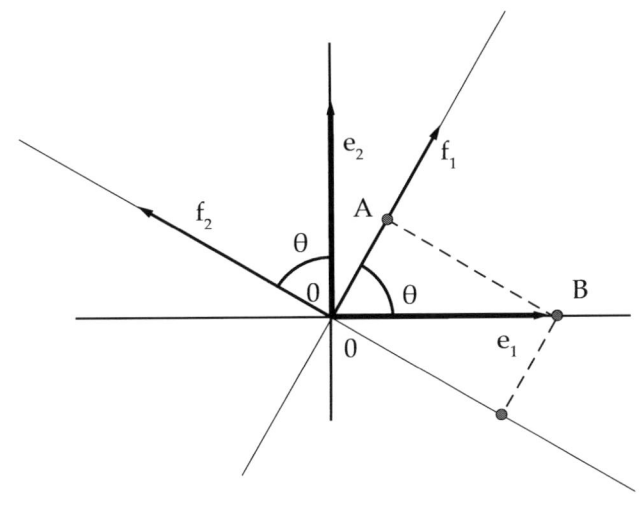

Lembrando o conteúdo de geometria analítica, o comprimento do vetor $e_1$ é $e_1 = \sqrt{1^2 + 0^2} = 1$.

E observe o triângulo OAB, temos que o $\cos(\theta) = \dfrac{\|OA\|}{\|e_1\|}$ e $\operatorname{sen}(\theta) = \dfrac{\|AB\|}{\|e_1\|}$, de modo que AO e AB são vetores. Logo, $\cos(\theta) = \|OA\|$ e $\operatorname{sen}(\theta) = \|AB\|$, também temos que $e_1 = OA + AB$, de modo que AO é múltiplo de $f_1$ e AB é múltiplo de $f_2$. Portanto, $e_1 = \|OA\| f_1 - \|AB\| f_2 = \cos(\theta) f_1 - \operatorname{sen}(\theta) f_2$. Observe que o sinal negativo em $f_2$, vem do fato de que o vetor AB é oposto ao vetor $f_2$.

**Figura 2.10** – Rotação dos eixos

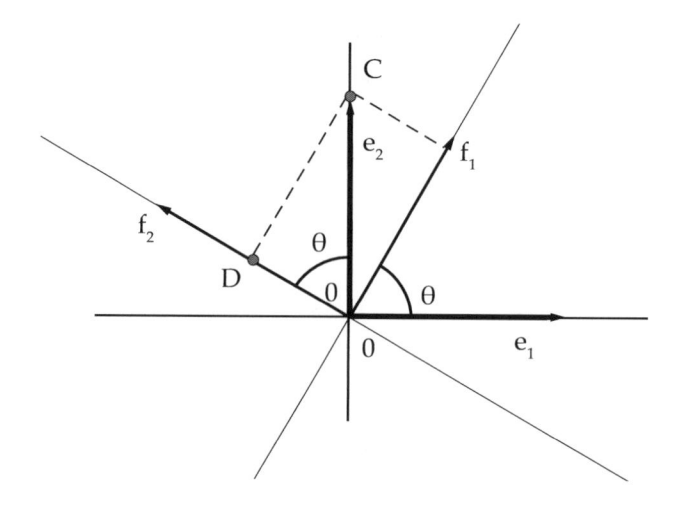

Analogamente, para $e_2$, temos que $e_2 = \|DC\|f_1 + \|OD\|f_2 = \text{sen}(\theta)f_1 + \cos(\theta)f_2$.
Então:

$$e_1 = \cos(\theta)f_1 - \text{sen}(\theta)f_2$$

$$e_2 = \text{sen}(\theta)f_1 + \cos(\theta)f_2$$

Portanto, a matriz de mudança de base é a seguinte:

$$[I]_{B_1}^B = \begin{bmatrix} \cos(\theta) & \text{sen}(\theta) \\ -\text{sen}(\theta) & \cos(\theta) \end{bmatrix}$$

Essa matriz é chamada de *matriz de rotação do plano*.

### Pense a respeito

Você pode utilizar o *software* GeoGebra para fazer os vetores das bases e observar o que está acontecendo geometricamente, ou seja, mudar o referencial. Esse *software* é livre fácil de ser utilizado e apresenta versão em português. Além disso, há conteúdos de álgebra e geometria, assim, é possível acompanhar os dois processos:

GEOGEBRA. Disponível em: <https://www.geogebra.org/download>. Acesso em: 19 ago. 2016.

## Síntese

Neste capítulo, você aprendeu sobre o ambiente principal dos estudos de álgebra linear, os espaços vetoriais e, junto com eles, os subespaços vetoriais, que preservam as propriedades do espaço maior. Conheceu os vetores e quando temos conjuntos linearmente independentes e dependentes, para entender o que é uma base de um espaço vetorial, e relacionou os vetores com as matrizes. A importância da base está no fato de esta ser um conjunto pequeno, mas que gera e caracteriza um espaço todo, é um referencial, ou seja, qualquer vetor do espaço pode ser escrito como uma combinação linear dos vetores da base. Mudar a base é mudar a referência.

## Atividades de autoavaliação

1) Indique se as afirmações são verdadeiras (V) ou falsas (F):
   - ( ) O vetor $w = (1,2,1)$ pertence ao subespaço gerado por $u = (3,4,5)$ e $v = (5,3,4)$.
   - ( ) Se $X \subset Y$, então o subespaço gerado por X está contido no subespaço gerado por Y.
   - ( ) O conjunto X das matrizes de ordem $2 \times 3$, nas quais uma coluna qualquer é formada por elementos iguais, é um subespaço vetorial.
   - ( ) Qualquer vetor de $\mathbb{R}^2$ pode ser escrito como uma combinação linear dos vetores $u = (1,-2)$ e $v = (-5,10)$.

   Assinale a alternativa que corresponde à sequência correta:
   **a.** F, F, V, F, F.
   **b.** F, V, F, F, F.
   **c.** V, V, F, F, V.
   **d.** V, F, V, V, F.

2) Assinale a afirmativa correta:
   **a.** O conjunto $X \subset \mathbb{R}^3$, formado pelos vetores $u = (x,y,z)$, sendo que $x = 3z$ e $z = 2y$, é um subespaço vetorial.
   **b.** As matrizes $\begin{bmatrix} 1 & 0 \\ 0 & 0 \end{bmatrix}, \begin{bmatrix} 0 & 1 \\ 0 & 1 \end{bmatrix}$ e $\begin{bmatrix} 0 & 0 \\ 1 & 0 \end{bmatrix}$ formam um conjunto linearmente dependente.
   **c.** Uma base para o subespaço $A \subset \mathbb{R}^4$ formado pelos vetores $(x,y,z,w)$, sendo que $x = y = z = w$, é $\{(1,1,1,1)\}$.
   **d.** A dimensão do subespaço vetorial $B \subset \mathbb{R}^4$ é 4, de modo que B é formado pelos vetores $(x,y,z,w) \in \mathbb{R}^4$ sendo que $x = y$ e $z = w$.

3) Analise as afirmações a seguir e indique se são verdadeiras (V) ou falsas (F):
   ( ) O conjunto $X = \{2x, x^2 + 1, x + 1, x^2 - 1\}$, sendo que $X \subset \mathcal{P}_4$, é LI.
   ( ) Se o conjunto $\{u, v, w\}$ é LI, então $\{(u + v - 3w), (u + 3v - w), (v + w)\}$ é LD.
   ( ) O conjunto $\{(0,2,2), (0,4,1)\}$ é uma base para o subespaço X formado por todos os vetores v de $\mathbb{R}^3$, de modo que a primeira coordenada é zero, ou seja, $X = \{(x, y, z) \in \mathbb{R}^3 / x = 0\}$.
   ( ) O conjunto de todas as matrizes diagonais de ordem $n \times n$ não é um subespaço vetorial de $M(n \times n)$.

   Assinale a alternativa que corresponde a sequência obtida:
   a. V, V, F, V.
   b. F, F, V, V.
   c. V, V, F, F.
   d. F, V, V, F.

4) Considere os subespaços vetoriais $U = \{(x, y, z) \in \mathbb{R}^3 / x = 0\}$ e $V = [(1, 2, 0), (0, -5, 2)]$. Assinale a afirmativa correta:
   a. A dimensão de U é 3.
   b. A dimensão de $U \cap V$ é 2.
   c. $\mathbb{R}^3 = U \oplus V$.
   d. $\{(0, -5, 2)\}$ é uma base de $U \cap V$.

5) Quais dos conjuntos a seguir representam uma base para o espaço vetorial $W = \{(x, y, z) \in \mathbb{R}^3 / x + z = 0\}$?
   a. {(1,0, –1),(0,1,0)}
   b. {(1,0,1),(1,1,1),(0,0,1)}
   c. {(–1,0,0),(1,1,1)}
   d. {(1,1,0),(0, –1,0),(0,0,1)}

## Atividades de aprendizagem

### Questões para reflexão

1) Quais são os subespaços gerados por um vetor v qualquer de $\mathbb{R}^2$? Descreva-os geometricamente. E quais são os subespaços gerados por dois vetores LI de $\mathbb{R}^2$? Qual é o espaço gerado por dois vetores LI no espaço $\mathbb{R}^3$, e como ele é representado geometricamente?

2) Utilizando o *software* GeoGebra, faça o que se pede:
   a. Desenhe os vetores (1,0) e (0,1). Utilize a ferramenta *vetor*, como exemplo, o vetor (1,0), para desenhar. Para isso, você precisa clicar na origem, no caso, (0,0), e, depois, na extremidade, no caso, (0,1).

**b.** Desenhe um vetor qualquer com origem no (0,0).

**c.** Faça a rotação em torno da origem do vetor que você criou; para isso, utilize a ferramenta *rotação* em torno de um ponto: clique primeiro no vetor que você criou e depois na origem. Aparecerá uma janela pedindo o ângulo: digite 90°. Aparecerá o vetor resultante da rotação.

**d.** Mostre que o conjunto formado pelo vetor que você criou e o vetor resultante da rotação formam uma base para $\mathbb{R}^2$. Para isso, utilize as coordenadas que aparecem na janela álgebra.

**e.** Se, em vez de fazer uma rotação de 90°, você fizesse uma rotação de um ângulo qualquer, o conjunto formado por eles é uma base para $\mathbb{R}^2$? Você saberia explicar sua resposta anterior?

## Atividade aplicada: prática

**1)** Pesquise sobre mudança de referencial na física e escreva sobre a relação desta com os estudos de mudança de base.

Neste capítulo, vamos estudar uma função especial, chamada de *transformação linear*. Veremos suas propriedades e os diversos espaços em que podemos definir a transformação. Vamos relacionar as transformações lineares com matrizes, as quais são importantes, pois são funções que preservam algumas propriedades. Assim, podemos chegar a resultados importantes sobre espaços vetoriais utilizando as transformações. Um exemplo de transformação linear no plano é a rotação em torno da origem.

# 3
# Transformações lineares

## 3.1 Definição

Sejam v e U espaços vetoriais, a relação $T: V \to U$, que associa a cada vetor $v \in V$ um vetor $T(v) \in U$ e que chamamos de imagem de v pela transformação T, é uma transformação linear se são válidas as igualdades a seguir para todo $v_1, v_2 \in V$ e $\alpha \in \mathbb{R}$:

- $T(v_1 + v_2) = T(v_1) + T(v_2)$
- $T(\alpha v_1) = \alpha T(v_1)$

Considere U e V espaços vetoriais e $T: V \to U$ uma transformação linear. Temos $0 \in V$ e $0 \in U$, pois os conjuntos são espaços vetoriais, e de acordo com o primeiro item da transformação linear temos que $T(0 + 0) = T(0) + T(0)$, logo, $T(0) = 2T(0)$. Portanto, $T(0) = 0$. Agora, sejam $v_1, v_2, v_3, \ldots, v_n$ vetores de V e $\alpha_1, \alpha_2, \alpha_3, \ldots, \alpha_n$ números reais, utilizando a definição de transformação linear, temos:

$$T(\alpha_1 v_1 + \alpha_2 v_2 + \alpha_3 v_3 + \ldots + \alpha_n v_n) = T(\alpha_1 v_1) + T(\alpha_2 v_2 + \alpha_3 v_3 + \ldots + \alpha_n v_n)$$

$$= \alpha_1 T(v_1) + (\alpha_2 v_2 + \alpha_3 v_3 + \ldots + \alpha_n v_n)$$

Utilizando por diversas vezes a definição de transformação linear, concluímos que:

$$T(\alpha_1 v_1 + \alpha_2 v_2 + \alpha_3 v_3 + \ldots + \alpha_n v_n) = \alpha_1 T(v_1) + \alpha_2 T(v_2) + \ldots + \alpha_n T(v_n)$$

> **Preste atenção!**
> Se $T(0) \neq 0$, então T não é transformação linear, ou seja, a imagem do vetor nulo deve ser o vetor nulo! Mas tenha cuidado, pois nem sempre que temos $T(0) = 0$ se trata de uma transformação linear! Veja os exemplos!

### Exemplo 3.1
Seja $T: \mathbb{R}^3 \to \mathbb{R}^2$ definida por $T(x, y, z) = (x, x - y)$, determine se T é uma transformação linear.

Primeiramente, vamos calcular $T(0,0,0) = (0, 0-0) = (0,0)$. Como T leva vetor nulo, **não** podemos afirmar que T seja uma transformação linear, é preciso demonstrar as propriedades. Considere $u = (x,y,z)$ e $v = (x_1, y_1, z_1)$; temos:

$$T(u+v) = T(x+x_1, y+y_1, z+z_1) = (x+x_1, (x+x_1) - (y+y_1)) =$$
$$(x+x_1, x+x_1 - y - y_1) = (x+x_1, x-y+x_1-y_1) = (x, x-y) + (x_1, x_1 - y_1) = T(u) + T(v)$$

$$T(\alpha u) = T(\alpha x, \alpha y, \alpha z) = (\alpha x, \alpha x - \alpha y) = \alpha(x, x-y) = \alpha T(u)$$

Logo, T é uma transformação linear.

## Exemplo 3.2

Seja $T: M(2 \times 2) \to \mathbb{R}$ definida por $T\left(\begin{bmatrix} a & b \\ c & d \end{bmatrix}\right) = ad - bc$. Determine se T é uma transformação linear.

Calculando $T\left(\begin{bmatrix} 0 & 0 \\ 0 & 0 \end{bmatrix}\right) = 0 \cdot 0 - 0 \cdot 0 = 0$, não podemos dizer que T é uma transformação linear.

Vamos ver que T não é uma transformação linear. Sejam duas matrizes:

$$\hat{Y} = \begin{bmatrix} a & b \\ c & d \end{bmatrix} \quad = \begin{bmatrix} a_1 & b_1 \\ c_1 & d_1 \end{bmatrix}$$

$$T(A+B) = T\left(\begin{bmatrix} a & b \\ c & d \end{bmatrix} + \begin{bmatrix} a_1 & b_1 \\ c_1 & d_1 \end{bmatrix}\right) = T\left(\begin{bmatrix} a+a_1 & b+b_1 \\ c+c_1 & d+d_1 \end{bmatrix}\right) = (a+a_1)(d+d_1) - (b+b_1)(c+c_1)$$

$$T(A) + T(B) = T\left(\begin{bmatrix} a & b \\ c & d \end{bmatrix}\right) + T\left(\begin{bmatrix} a_1 & b_1 \\ c_1 & d_1 \end{bmatrix}\right) = ad - bc + a_1 d_1 - b_1 c_1$$

$$T(A+B) \neq T(A) + T(B)$$

Logo, T não é uma transformação linear.

## Exemplo 3.3

Seja $T: \mathbb{R}^3 \to \mathbb{R}^3$ definida por $T(x,y,z) = (x, y+1, x+z+2)$, determine se T é uma transformação linear.

Calculando $T(0,0,0) = (0, 0+1, 0+0+2) = (0,1,2) \neq (0,0,0)$. Logo, T não é uma transformação linear.

Os exemplos anteriores mostram que podemos usar o fato de demonstrar $T(0) \neq 0$ para dizer que uma transformação não é linear. Contudo, se $T(0) = 0$, não podemos dizer que se trata de uma transformação linear. Vimos nos exemplos que isso não ser confirmado.

As transformações lineares são funções, desse modo, podemos realizar operações entre elas. Vamos estudar a soma de duas transformações e o produto de um número real por uma transformação linear. Para isso, considere $T_1 : V \to U$ e $T_2 : V \to U$ como duas transformações lineares e $\alpha$ um número real. Definiremos as seguintes transformações lineares:

- $T_1 + T_2 : V \to U$, dado por $(T_1 + T_2)(v) = T_1(v) + T_2(v)$.
- $\alpha T_1 : V \to U$, dado por $(\alpha T_1)v = \alpha T_1(v)$.

Vamos definir também as seguintes transformações lineares:

- **Transformação linear nula** $T_0 : V \to U$, de modo que $T_0(v) = 0$.
- Dada uma transformação linear $T : V \to U$, a transformação linear $-T : V \to U$ é tal que $(-T)(v) = -T(v)$; logo, temos $(-T) + T = 0$.

Observe que, com as operações de soma de transformações lineares e multiplicação de um número real por uma transformação linear, podemos dizer que o conjunto formado por todas as transformações lineares de V em U é um espaço vetorial, que denotaremos por $\mathcal{L}(V;U)$. Além disso, com a transformação nula e a transformação $-T$, identificamos o elemento neutro e o inverso aditivo. As transformações lineares do tipo $T : V \to V$ são chamadas de operadores lineares em V. E as transformações lineares do tipo $T : V \to \mathbb{R}$, são chamadas de funcionais lineares. Denotamos por $V^*$ o conjunto $\mathcal{L}(V;\mathbb{R})$ e chamamos esse conjunto de espaço vetorial dual de V.

> **Teorema**
> Considere os espaços vetoriais V e U, uma base $B = \{v_1, v_2, v_3, ..., v_n\}$ de V e os vetores, aleatórios, $u_1, u_2, u_3, ..., u_n$ que pertencem a U. Então, existe apenas uma transformação linear $T : V \to U$, de modo que $T(v_1) = u_1$, $T(v_2) = u_2$, $T(v_3) = u_3, ..., T(v_n) = u_n$.

Observação: logo, se $v = \alpha_1 v_1 + \alpha_2 v_2 + ... + \alpha_n v_n$, de modo que $\alpha_i$ é um número real, é v um elemento de V; podemos escrever do seguinte modo:

$$T(v) = \alpha_1 T(v_1) + \alpha_2 T(v_2) + ... + \alpha_n T(v_n)$$

$$= \alpha_1 u_1 + \alpha_2 u_2 + ... + \alpha_n u_n$$

## Exercício resolvido

Considere $T: \mathbb{R}^2 \to \mathbb{R}^2$ uma transformação linear. Sabendo que $T(1,1)=(2,-1)$ e $T(1,0)=(1,3)$, determine $T(x,y)$.

### Resolução

Observe que $\{(1,1), (1,0)\}$ é uma base de $\mathbb{R}^2$. O teorema diz que existe uma única transformação T que satisfaça as condições $T(1,1)=(2,-1)$ e $T(1,0)=(1,3)$. Considerando um vetor qualquer $(x,y)$, vamos escrevê-lo como uma combinação linear dos vetores da base $\{(1,1), (1,0)\}$. Para isso, encontraremos números reais a e b, de modo que:

$$(x,y) = a(1,1) + b(1,0)$$
$$(x,y) = (a,a) + (b,0)$$
$$(x,y) = (a+b, a+0) = (a+b, a)$$

O sistema associado é o seguinte:

$$\begin{cases} x = a + b \\ y = a \end{cases}$$

Substituindo os dados da segunda equação na primeira, temos $x = y + b$; logo, $b = x - y$. Substituindo $a = y$ e $b = x - y$ em $(x,y) = a(1,1) + b(1,0)$, temos:

$$(x,y) = y(1,1) + (x-y)(1,0)$$

$$T(x,y) = T(y(1,1) + (x-y)(1,0))$$

pelo primeiro item da definição de transformação linear:

$$T(x,y) = T(y(1,1)) + T((x-y)(1,0))$$

pelo segundo item da definição de transformação linear:

$$T(x,y) = yT(1,1) + (x-y)T(1,0)$$

das informações dadas:

$$T(x,y) = y(2,-1) + (x-y)(1,0)$$
$$T(x,y) = (2y,-y) + (x-y,0) = (2y+x-y, 0-y)$$
$$T(x,y) = (x+y, -y)$$

A resolução anterior é o passo a passo da observação que está no teorema.

Dessa maneira, conseguimos encontrar a transformação linear, conhecendo o que ela faz nos vetores de uma base, por exemplo. Sabemos que a base caracteriza todo o espaço vetorial, qualquer vetor do espaço é escrito como uma combinação linear dos vetores da base; se conhecermos o que a transformação linear faz com a base, em que ponto ela leva a base, então saberemos o que ela faz com os demais vetores.

## 3.2 Composição de transformações lineares

Sejam $T:V \to U$ e $T_1:U \to W$ transformações lineares de modo que o domínio de $T_1$ é o mesmo que o contradomínio de T, então o produto $T_1T:V \to W$ é uma transformação linear em que, para cada v em V, tem-se $(T_1T)(v) = T(T_1(v))$. A transformação linear $T_1T$ é a composta $T_1 \circ T$ das funções $T_1$ e T.

**Figura 3.1** – Transformação linear $T_1T$

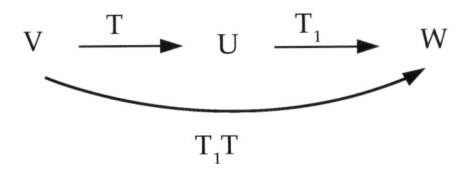

$$V \xrightarrow{T} U \xrightarrow{T_1} W$$
$$T_1T$$

> **Preste atenção!**
> Lembre-se de que as transformações lineares são **funções**, logo, valem as propriedades de funções.

### 3.2.1 Propriedades

Sejam $T:V \to U$, $T_1:U \to W$ e $T_2:W \to Z$ transformações lineares, temos então:
- $(T_2T_1)T = T_2(T_1T)$.
- $(T_1 + T_2)T = T_1T + T_2T$.
- $T_1(\alpha T) = \alpha(T_1T)$ para qualquer $\alpha \in \mathbb{R}$.
- $TI_V = T$, de modo que $I_V$ é a identidade em V, ou seja, é a transformação linear $I_V : V \to V$, $I_V(v) = v$.
- $I_U T = T$, de modo que $I_U$ é a identidade em U, ou seja, é a transformação linear $I_U : U \to U$, $I_U(u) = u$.
- $T_2(T_1 + T) = T_2T_1 + T_2T$.

## Exemplo 3.4

Considere as transformações lineares $T_1 : \mathbb{R}^2 \to \mathbb{R}$ e $T_2 : \mathbb{R} \to \mathbb{R}$, definidas por $T_1(x,y) = x+y$ e $T_2(x) = 2x$. O produto $T_2T_1 : \mathbb{R} \to \mathbb{R}$ será $T_2T_1(x,y) = T_2(T_1(x,y)) = T_2(x+y) = 2(x+y)$.

### Exercício resolvido

Dados os operadores linear $T_2, T_1 : \mathbb{R} \to \mathbb{R}^2$, de modo que: $T_1(x,y) = (x,-y)$ e $T_2(x,y) = (y,x)$. Determine as expressões dos operadores lineares $T_1T_2$, $T_2T_1$, $T_1^2 = T_1T_1$, $T_2^2$ e $T_1 + T_2$.

**Resolução**

Vamos determinar as seguintes expressões:

$$T_1T_2(x,y) = T_1(T_2(x,y)) = T_1(y,x) = (y,-x)$$

$$T_2T_1(x,y) = T_2(T_1(x,y)) = T_2(x,-y) = (-y,x)$$

$$T_1^2(x,y) = T_1T_1(x,y) = T_1(T_1(x,y)) = T_1(x,-y) = (x,y)$$

$$T_2^2(x,y) = T_2T_2(x,y) = T_2(y,x) = (x,y)$$

$$T_1(x,y) + T_2(x,y) = (x,-y) + (y,x) = (x+y, -y+x)$$

Observe que, geometricamente, $T_1$ é a reflexão em relação à reta $y = 0$, $T_2$ é a reflexão em relação à reta $y = x$. Você conseguiria descrever geometricamente as demais transformações lineares? Atribua valores e veja o que acontece!

## 3.3 Núcleo e imagem

Nas próximas seções, você vai conhecer dois conjuntos muito importantes: o núcleo e a imagem de uma transformação linear. A importância deve-se ao fato de esses conjuntos descreverem e trazerem informações sobre a transformação. Você verá como relacionar tais conjuntos com determinadas propriedades das transformações lineares.

### 3.3.1 Imagem de uma transformação linear

Dada a transformação linear $T: V \to U$, a imagem de T, $\text{Im}(T)$, é o conjunto de todos os vetores $u \in U$, de modo que exista $v \in V$ satisfazendo $T(v) = u$. Pela definição de transformação linear, temos que $\text{Im}(T) \subset U$. Também temos que $\text{Im}(T)$ é um subespaço vetorial de U, de fato, da definição, se $u_1, u_2 \in \text{Im}(T)$, então existem $v_1, v_2 \in V$, de modo que

$T(v_1) = u_1$ e $T(v_2) = u_2$, $T(v_1) + T(v_2) = u_1 + u_2$ ; logo, da definição de transformação linear, $u_1 + u_2 = T(v_1) + T(v_2) = T(v_1 + v_2)$. Assim, para $u_1 + u_2 \in U$ existe $v_1 + v_2 \in V$, de modo que $T(v_1 + v_2) = u_1 + u_2$, então $u_1 + u_2$ pertence à imagem de T. Temos também que $\alpha u_1 = \alpha T(v_1) = T(\alpha v_1)$, a última igualdade que vem da definição de transformação linear. Portanto, para $\alpha u_1 \in U$ existe $\alpha v_1 \in V$, de modo que $T(\alpha v_1) = \alpha u_1$, logo, $\alpha u_1 \in \text{Im}(T)$.

Considere $T : V \to U$ uma transformação linear. Quando para todo elemento $u \in U$ podemos encontrar $v \in V$, de modo que $T(v) = u$, logo, $\text{Im}(T) = U$, dizemos que T é *sobrejetora*.

Considere uma transformação linear $T : V \to U$; ela é dita *injetora* se $v_1, v_2 \in V$ e $T(v_1) = T(v_2)$. Então, temos que $v_1 = v_2$, ou, se temos $V_1, V_2 \in V$ e $v_1 \neq v_2$, então $T(v_1) \neq T(v_2)$.

Se a transformação linear T é sobrejetora e injetora, então ela é dita *bijetora*.

### Exemplo 3.5
Considere a transformação linear $T : \mathbb{R}^3 \to \mathbb{R}^3$, dada por $T(x,y,z) = (0,y,3z)$. Determine o conjunto $\text{Im}(T)$.

A imagem de T compreende todos os vetores de $\mathbb{R}^3$ escritos na forma $(0,y,3z)$, sendo que $y, z \in \mathbb{R}$.

$$(0,y,3z) = y(0,1,0) + z(0,0,3)$$

Como $y, z \in \mathbb{R}$, a igualdade apresentada aponta que os vetores da imagem de T são escritos como uma combinação linear dos vetores (0,1,0) e (0,0,3), logo, eles geram o conjunto imagem; podemos escrever $\text{Im}(T) = [(0,1,0),(0,0,3)]$.

### Exercício resolvido
Determine uma base para a imagem da transformação linear $T : \mathbb{R}^2 \to \mathbb{R}^2$, definida por $T(x,y) = (x+y,y)$.

**Resolução**
A imagem de T compreende todos os vetores da forma $(x+y,y) = x(1,0) + y(1,1)$, então qualquer elemento da imagem de T é uma combinação linear dos vetores $(1,0)$ e $(1,1)$. Como o conjunto $\{(1,0),(1,1)\}$ é LI, e vimos que gera $\text{Im}(T)$, então ele é uma base para $\text{Im}(T)$.

### Exemplo 3.6
Determine se a transformação linear $T : \mathbb{R}^3 \to \mathbb{R}^2$, definida por $T(x,y,z) = (x+y,x+z)$, é sobrejetora.

Temos que a $\text{Im}(T)$ compreende todos os vetores da forma $(x+y,x+z) = x(1,1) + y(1,0) + z(0,1)$, como $(1,1) = (1,0) + (0,1)$, uma base para $\text{Im}(T)$ é o conjunto $\{(1,0),(0,1)\}$. Logo, $\text{Im}(T)$ tem dimensão 2 e, portanto, $\text{Im}(T) = \mathbb{R}^2$. Para todo elemento $(x,y)$ de $\mathbb{R}^2$ temos $(y-1, x-y+1, 1) \in \mathbb{R}^3$, de modo que $T(y-1, x-y+1, 1) = (x,y)$; então T é sobrejetora.

## Exemplo 3.7

Determine se a transformação linear $T: \mathbb{R}^2 \to \mathbb{R}^2$, definida por $T(x,y) = (x+y, y)$, é injetora.

Para que essa transformação linear seja injetora, devemos mostrar que se $v_1, v_2 \in \mathbb{R}^2$ e $T(v_1) = T(v_2)$, então temos que $v_1 = v_2$. De fato, se $v_1 = (x,y)$ e $v_2 = (x_1, y_1)$, e $T(x,y) = T(x_1, y_1)$, resulta em:

$$(x+y, y) = (x_1 + y_1, y_1)$$

Resolvendo a igualdade, temos que $x = x_1$ e $y = y_1$, portanto, $v_1 = v_2$.

### 3.3.2 Núcleo de uma transformação linear

Seja $T: V \to U$ uma transformação linear, ela é chamada de **núcleo** de T; denotamos por $\text{Nuc}(T) = \text{Ker}(T)$, o conjunto de todos os vetores $v \in V$, sendo que $T(v) = 0$. Por ser formado por elementos de V, temos que $\text{Nuc}(T) \subset V$ e é um subespaço vetorial de V.

## Exemplo 3.8

Encontre o núcleo da transformação linear $T: \mathbb{R}^2 \to \mathbb{R}^2$, definida por $T(x,y) = (x+y, y)$.

O núcleo de T compreende todos os vetores $v = (x,y)$ de $\mathbb{R}^2$, sendo que $T(u) = T(x,y) = (0,0)$. Então:

$$T(x,y) = (x+y, y) = (0,0)$$

$$\begin{cases} x + y = 0 \\ y = 0 \end{cases}$$

Logo, $T(x,y) = (0,0)$ se $(x,y) = (0,0)$, portanto, o núcleo de T só tem o vetor nulo.

### Teorema

Seja $T: V \to U$ uma transformação linear, T é injetora se, e somente se, $\text{Nuc}(T) = \{0\}$.

**Demonstração**

Vamos mostrar primeiro que, se T é injetora, então $\text{Nuc}(T) = \{0\}$. Se T é injetora e se $v_1, v_2 \in V$ e $T(v_1) = T(v_2)$, então temos que $v_1 = v_2$. Seja v um elemento do núcleo de T, então $T(v) = 0$. Como T é linear, então $T(0) = 0$; temos então que $T(v) = T(0)$. Como T é injetora, logo, $v = 0$, portanto, $\text{Nuc}(T) = \{0\}$.

Vamos mostrar agora que se $\text{Ker}(T) = \{0\}$ então T é injetora. De fato, se $\text{Nuc}(T) = \{0\}$, então se $T(v) = 0$, temos que $v = 0$. Considere $v_1, v_2 \in V$, $T(v_1) = T(v_2)$; é o mesmo que $T(v_1) - T(v_2) = 0$, por T ser transformação linear $T(v_1) - T(v_2) = T(v_1 - v_2)$. Logo, $T(v_1 - v_2) = 0$, mas vimos que se $T(v) = 0$, temos que $v = 0$; logo, $v_1 - v_2 = 0$. Portanto, $v_1 = v_2$. Mostramos assim que T é injetora.

> ### Teorema
> Seja $T: V \to U$ uma transformação linear, com V e U sendo espaços vetoriais de dimensão finita, então $\dim V = \dim \text{Nuc}(T) + \dim \text{Im}(T)$.

**Demonstração**

Precisamos mostrar que, se $\{T(v_1), T(v_2), \ldots T(v_n)\}$ é base de $\text{Im}(T)$ e $\{u_1, u_2, \ldots, u_m\}$ é base de $\text{Nuc}(T)$, o conjunto $\{v_1, v_2, \ldots, v_n, u_1, u_2, \ldots, u_m\}$ é uma base de V, pois a base da imagem tem n vetores, a do núcleo m, e a base formada para V tem n + m vetores, mostrando assim a igualdade $\dim V = \dim \text{Nuc}(T) + \dim \text{Im}(T)$. Para demonstrar que $\{v_1, v_2, \ldots, v_n, u_1, u_2, \ldots, u_m\}$ é uma base de V, mostraremos que o conjunto é LI e gera o espaço V:

- Para mostrar que $\{v_1, v_2, \ldots, v_n, u_1, u_2, \ldots, u_m\}$ é LI, devemos mostrar que, se
  $\alpha_1 v_1 + \alpha_2 v_2 + \ldots + \alpha_n v_n + \beta_1 u_1 + \beta_2 u_2 + \ldots + \beta_m u_m = 0$, os escalares são todos nulos –
  $\alpha_1 = \alpha_2 = \ldots = \alpha_n = \beta_1 = \beta_2 = \ldots = \beta_m = 0$.
  De fato, $\alpha_1 v_1 + \alpha_2 v_2 + \ldots + \alpha_n v_n + \beta_1 u_1 + \beta_2 u_2 + \ldots + \beta_m u_m = 0$.
  Aplicando a transformação linear T em ambos os lados, temos:

$$\alpha_1 T(v_1) + \alpha_2 T(v_2) + \ldots + \alpha_n T(v_n) + \beta_1 T(u_1) + \beta_2 T(u_2) + \ldots + \beta_m T(u_m) = T(0)$$

Como $u_1, u_2, \ldots, u_m \in \text{Nuc}(T)$, então $T(u_1) = T(u_2) = \ldots = T(u_m) = 0$. Em virtude de T ser uma transformação linear, $T(0) = 0$, então:

$$\alpha_1 T(v_1) + \alpha_2 T(v_2) + \ldots + \alpha_n T(v_n) = 0$$

Em virtude de $\{T(v_1), T(v_2), \ldots T(v_n)\}$ ser base e, portanto, LI, então $\alpha_1 = \alpha_2 = \ldots = \alpha_n = 0$. Substituindo o dado em $\alpha_1 v_1 + \alpha_2 v_2 + \ldots + \alpha_n v_n + \beta_1 u_1 + \beta_2 u_2 + \ldots + \beta_m u_m = 0$, temos $\beta_1 u_1 + \beta_2 u_2 + \ldots + \beta_m u_m = 0$.
Considerando o fato de $\{u_1, u_2, \ldots, u_m\}$ ser base e, portanto, um conjunto LI, temos $\beta_1 = \beta_2 = \ldots = \beta_m = 0$.

- Para mostrar que o conjunto gera o espaço vetorial V, vamos comprovar que qualquer vetor w de V pode ser escrito como combinação linear dos vetores do conjunto $\{v_1, v_2, \ldots, v_n, u_1, u_2, \ldots, u_m\}$.
  De fato, seja $w \in V$ um vetor qualquer, $T(w) \in \text{Im}(T)$. Logo, $T(w)$ pode ser escrito como uma combinação linear dos vetores da base $\{T(v_1), T(v_2), \ldots T(v_n)\}$ da $\text{Im}(T)$.

$$T(w) = \alpha_1 T(v_1) + \alpha_2 T(v_2) + \ldots + \alpha_n T(v_n)$$

$$T(w) - (\alpha_1 T(v_1) + \alpha_2 T(v_2) + \ldots + \alpha_n T(v_n)) = 0$$

Com base na definição de transformação linear, temos:

$$T(w - (\alpha_1 v_1 + \alpha_2 v_2 + \ldots + \alpha_n v_n)) = 0$$

Da igualdade apresentada, temos que o vetor $z = w - (\alpha_1 v_1 + \alpha_2 v_2 + \ldots + \alpha_n v_n)$ pertence ao núcleo da transformação (T(z)=0), logo, pode ser escrito como uma combinação linear dos elementos de $\{u_1, u_2, \ldots, u_m\}$, base de $\text{Nuc}(T)$. Temos, então:

$$z = \beta_1 u_1 + \beta_2 u_2 + \ldots + \beta_m u_m$$

$$w - (\alpha_1 v_1 + \alpha_2 v_2 + \ldots + \alpha_n v_n) = \beta_1 u_1 + \beta_2 u_2 + \ldots + \beta_m u_m$$

$$w = \beta_1 u_1 + \beta_2 u_2 + \ldots + \beta_m v_m + \alpha_1 v_1 + \alpha_2 v_2 + \ldots + \alpha_n u_n$$

Concluímos que $w \in V$ é escrito como uma combinação linear dos vetores do conjunto $\{v_1, v_2, \ldots, v_n, u_1, u_2, \ldots, u_m\}$. Dos dois itens mostrados, temos que $\{v_1, v_2, \ldots, v_n, u_1, u_2, \ldots, u_m\}$ é base de V, portanto, $\dim V = n + m = \dim \text{Im}(T) + \dim \text{Nuc}(T)$.

Do último teorema apresentado decorre o seguinte: em virtude de a transformação linear $T: V \to U$ ser injetora, se $\dim V = \dim U$, então T leva base em base.

## Exemplo 3.9

Determine a dimensão do núcleo e da imagem da transformação linear $T: \mathbb{R}^3 \to \mathbb{R}^3$, definida por $T(x, y, z) = (x - y, 2x + z, 0)$.

O $\text{Nuc}(T) = \{(x, y, x) \in \mathbb{R}^3 / T(x, y, z) = (0, 0, 0)\}$; temos:

$$T(x, y, z) = (x - y, 2x + z, 0) = (0, 0, 0)$$

$$\begin{cases} x - y = 0 \\ 2x + z = 0 \\ 0 = 0 \end{cases}$$

Da primeira igualdade; temos $x = y$, e da segunda; $z = -2x$, logo; todos os vetores da forma $(x, x, -2x)$ pertencem ao núcleo de T. Podemos escrever os vetores da forma $(x, x, -2x)$ como $x(1, 1, -2)$, ou seja, eles são gerados pelo vetor $(1, 1, -2)$, portanto temos que $\text{Nuc}(T) = [(1, 1, -2)]$, logo, o núcleo tem dimensão 1. Pelo teorema do núcleo e da imagem, temos:

$$\dim \mathbb{R}^3 = \dim \text{Nuc}(T) + \dim \text{Im}(T)$$

$$3 = 1 + \dim \text{Im}(T)$$

$$\dim \text{Im}(T) = 2$$

### 3.3.3 Isomorfismos

Chamamos uma transformação linear $T : V \to U$ de *inversível* quando existir uma transformação linear $T^{-1} : U \to V$, sendo que $T^{-1}T = I_V$ e $TT^{-1} = I_U$. Para que $T : V \to U$ seja inversível, é necessário e suficiente que T seja injetora e sobrejetora, fato que chamamos de *bijeção linear* entre V e U, mas também dizemos que T é um **isomorfismo** e os espaços V e U são isomorfos. Considere $T : V \to U$, V e U espaços vetoriais de dimensão finita, sendo que $\dim V = \dim U$. A transformação linear T será injetiva se, e somente se, T for sobrejetiva; logo, T é um isomorfismo. Os isomorfismos são importantes, pois relacionam espaços vetoriais. Podemos compará-los e, se existir um isomorfismo entre eles, então eles têm estruturas parecidas.

Do teorema já apresentado do núcleo e da imagem, temos o seguinte fato sobre isomorfismo: considere U e V espaços vetoriais de dimensão finita, sendo que $\dim U = \dim V$. Uma transformação linear $T : V \to U$ será injetora se, e somente se, for sobrejetora e, consequentemente, será um isomorfismo.

### Exercício resolvido

Considere a transformação linear $T : \mathbb{R}^2 \to \mathbb{R}^2$, definida por $T(x, y) = (x + y, y)$ e, mostre que T é um isomorfismo e determine a inversa $T^{-1}$.

**Resolução**

Já comprovamos anteriormente que T é injetora, agora vamos mostrar que T é sobrejetora. Para todo $v = (x, y) \in \mathbb{R}^2$, precisamos encontrar um vetor $(a, b)$, sendo que:

$$T(a,b)=(x,y)$$

$$(a+b,a)=(x,y)$$

$$\begin{cases} a+b=x \\ b=y \end{cases}$$

Substituindo os dados da segunda equação na primeira, temos que $a = x - y$. Então, para todo $v=(x,y)\in \mathbb{R}^2$ temos $(x-y,y)\in \mathbb{R}^2$, e $T(x-y,y)=(x-y+y,y)=(x,y)$; logo, T é sobrejetora, portanto, um isomorfismo. Agora, vamos determinar a inversa $T^{-1}$, para isso, devemos calcular T na base canônica:

$$T(1,0)=(1,0)$$

$$T(0,1)=(1,1)$$

Logo, $T^{-1}(1,0)=(1,0)$ e $T^{-1}(1,1,)=(0,1)$. Escrevendo um vetor qualquer $v=(x,y)$ como uma combinação linear dos vetores $(1,0)$ e $(1,1)$, temos:

$$(x,y)=(x-y)(1,0)+y(1,1)$$

Portanto,

$$T^{-1}(x,y)=(x-y)T^{-1}(1,0)+yT^{-1}(1,1)$$

$$T^{-1}(x,y)=(x-y)(1,0)+y(0,1)$$

$$T^{-1}=(x-y,y)$$

## 3.4 A matriz de uma transformação linear

Podemos relacionar uma transformação linear com matrizes, dessa maneira facilitamos alguns cálculos e resultados.

Considere a transformação linear $T: \mathbb{R}^n \to \mathbb{R}^m$ e a seguinte matriz:

$$M = \begin{bmatrix} a_{11} & a_{12} & a_{13} & \cdots & a_{1n} \\ a_{21} & a_{22} & a_{23} & \cdots & a_{2n} \\ a_{31} & a_{32} & a_{33} & \cdots & a_{3n} \\ \vdots & \vdots & \vdots & & \vdots \\ a_{i1} & a_{i2} & a_{i3} & \cdots & a_{in} \\ \vdots & \vdots & \vdots & \vdots & \vdots \\ a_{m1} & a_{m2} & a_{m3} & \cdots & a_{mn} \end{bmatrix}$$

Cada coluna da matriz M foi obtida a partir de $T(e_j)$, sendo que $e_j$ é um elemento da base canônica de $\mathbb{R}^n$. Temos que $T(v) = w$, sendo $v = (x_1, x_2, x_3, \ldots x_n)$, $w = (y_1, y_2, y_3, \ldots, y_m)$ e $y_1 = a_{11}x_1 + a_{12}x_2 + a_{13}x_3 + \ldots + a_{1n}x_n$, $y_2 = a_{21}x_1 + a_{22}x_2 + a_{23}x_3 + \ldots + a_{2n}x_n$, ..., $y_m = a_{m1}x_1 + a_{m2}x_2 + a_{m3}x_3 + \ldots + a_{mn}x_n$. Podemos escrever em termos de matrizes do seguinte modo:

$$M = \begin{bmatrix} a_{11} & a_{12} & a_{13} & \cdots & a_{1n} \\ a_{21} & a_{22} & a_{23} & \cdots & a_{2n} \\ a_{31} & a_{32} & a_{33} & \cdots & a_{3n} \\ \vdots & \vdots & \vdots & \ddots & \vdots \\ a_{i1} & a_{i2} & a_{i3} & \cdots & a_{in} \\ \vdots & \vdots & \vdots & \vdots & \vdots \\ a_{m1} & a_{m2} & a_{m3} & \cdots & a_{mn} \end{bmatrix}_{m \times n} \cdot \begin{bmatrix} x_1 \\ x_2 \\ x_3 \\ \vdots \\ x_n \end{bmatrix}_{n \times 1} = \begin{bmatrix} y_1 \\ y_2 \\ y_3 \\ \vdots \\ y_m \end{bmatrix}_{m \times 1}$$

Observe que os vetores são colocados em colunas. Dessa maneira, associamos a transformação linear $T: \mathbb{R}^n \to \mathbb{R}^m$ à matriz M. Podemos fazer isso com uma transformação linear qualquer $T: U \to V$, com U e V sendo espaços vetoriais de dimensão finita, basta considerarmos as bases $B_U = \{u_1, u_2, \ldots, u_n\}$ e $B_V = \{v_1, v_2, v_3, \ldots, v_m\}$ de U e V, respectivamente, então, podemos escrever os vetores $T(u_j)$ como uma combinação linear dos vetores da base $B_V$, ou seja,

$$T(u_j) = a_{1j}w_1 + a_{2j}w_2 + a_{3j}w_3 + \ldots + a_{mj}w_m$$

Assim, podemos escrever a matriz $[T]_{B_U}^{B_V}$ de ordem $m \times n$ determinada por T e pelas bases $B_U$ e $B_V$; cada coluna é formada pelas coordenadas de $T(u_j)$ na base $B_V$:

$$[T]_{B_U}^{B_V} = \begin{bmatrix} a_{11} & a_{12} & a_{13} & \cdots & a_{1n} \\ a_{21} & a_{22} & a_{23} & \cdots & a_{2n} \\ a_{31} & a_{32} & a_{33} & \cdots & a_{3n} \\ \vdots & \vdots & \vdots & \ddots & \vdots \\ a_{i1} & a_{i2} & a_{i3} & \cdots & a_{in} \\ \vdots & \vdots & \vdots & \vdots & \vdots \\ a_{m1} & a_{m2} & a_{m3} & \cdots & a_{mn} \end{bmatrix}_{m \times n}$$

Dizemos que a matriz $[T]_{B_U}^{B_V}$ é a matriz de T nas bases $B_U$ e $B_V$. Quando as bases forem as canônicas, dizemos simplesmente que a matriz [T] é a matriz da transformação T.

Seja $M_{m \times n}$ uma matriz qualquer, a cada matriz podemos associar uma transformação linear, e cada transformação linear podemos associar a uma matriz.

## Exemplo 3.10

Seja $T: \mathbb{R}^2 \to \mathbb{R}^2$ a rotação em torno da origem, T leva o vetor $v \in \mathbb{R}^2$ em $T(v)$, que vem da rotação de ângulo $\theta$ em torno da origem, como representa a figura a seguir.

**Figura 3.2** – Transformação linear

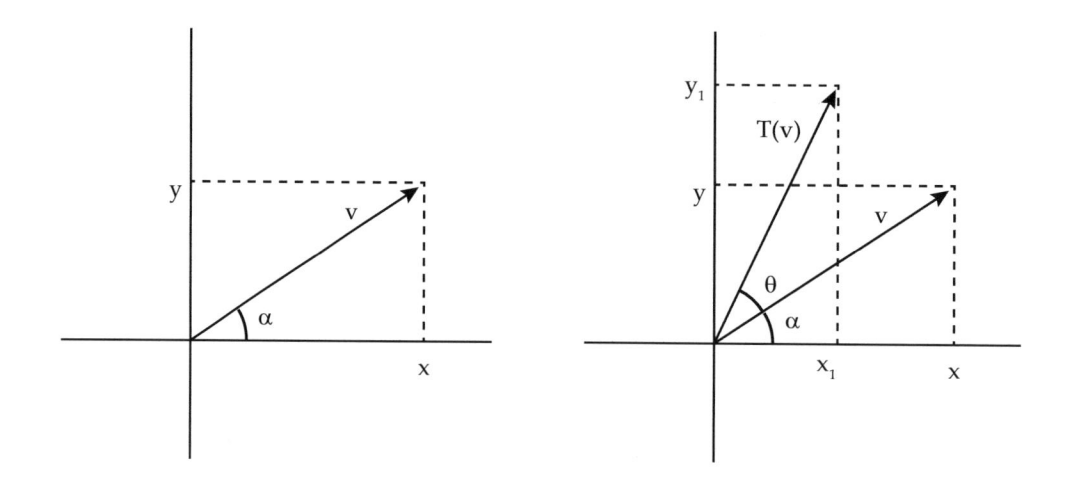

Se $v = (x, y)$ e $T(v) = (x_1, y_1)$, vamos usar a trigonometria para determinar as coordenadas dos vetores em termos dos ângulos, e como a transformação linear é uma rotação em torno da origem, ela não altera o tamanho do vetor. Por isso, $\|T(v)\| = \|v\|$.

$$x = \|v\|\cos(\alpha); \ y = \|v\|\operatorname{sen}(\alpha)$$

$$x_1 = \|T(v)\|\cos(\alpha+\theta)$$
$$x_1 = \|T(v)\|(\cos(\alpha)\cos(\theta)-sen(\alpha)sen(\theta))$$
$$x_1 = \|v\|\cos(\alpha)\cos(\theta)-\|v\|sen(\alpha)sen(\theta)$$
$$x_1 = x\cos(\theta)+y\,sen(\theta)$$

$$y_1 = \|T(v)\|sen(\alpha+\theta)$$
$$y_1 = \|T(v)\|(sen(\alpha)\cos(\theta)+\cos(\alpha)sen(\theta))$$
$$y_1 = \|v\|sen(\alpha)\cos(\theta)+\|v\|\cos(\alpha)sen(\theta)$$
$$y_1 = y\cos(\theta)+x\,sen(\theta)$$

$$T(x,y) = (x\cos(\theta)-y\,sen(\theta), x\,sen(\theta)+y\cos(\theta))$$

Para montarmos a matriz de T, basta calcularmos T na base canônica, então:

$$T(1,0) = (\cos(\theta),\ sen(\theta))$$
$$T(0,1) = (-sen(\theta), \cos(\theta))$$

Colocando os vetores nas colunas, temos a matriz chamada de *matriz de rotação*:

$$\begin{bmatrix} \cos(\theta) & -sen(\theta) \\ sen(\theta) & \cos(\theta) \end{bmatrix}$$

> **Pense a respeito**
>
> No artigo Uma *sugestão de uso de planilhas eletrônicas* no ensino de transformações lineares, você encontra um plano de ensino de transformações lineares utilizando a planilha do computador. Um método interessante para apresentar as transformações lineares do plano.
>
> BRONDINO, N. C. M.; BRONDINO, O. C. Uma sugestão de uso de planilhas eletrônicas no ensino de transformações lineares. In: CONGRESSO BRASILEIRO DE EDUCAÇÃO EM ENGENHARIA, 40., 2012, Belém. Disponível em: <http://www.abenge.org.br/CobengeAnteriores/2012/artigos/103759.pdf>. Acesso em: 19 ago. 2016.

### Exemplo 3.11

Dada [T] a matriz da transformação linear $T: \mathbb{R}^3 \to \mathbb{R}^3$ nas bases canônicas, encontre a transformação T.

$$[T] = \begin{bmatrix} 1 & 2 & 3 \\ 7 & 5 & -1 \\ -2 & 0 & 1 \end{bmatrix}$$

Para encontrarmos a transformação linear T, vamos multiplicar a matriz $[T]$ pelo vetor (x,y,z) em forma de matriz coluna:

$$\begin{bmatrix} 1 & 2 & 3 \\ 7 & 5 & -1 \\ -2 & 0 & 1 \end{bmatrix} \begin{bmatrix} x \\ y \\ z \end{bmatrix} = \begin{bmatrix} x+2y+3z \\ 7x+5y-z \\ -2x+z \end{bmatrix}$$

Portanto, $T(x,y,z) = (x+2y+3z, 7x+5y-z, -2x+z)$.

### Teorema

Considere os espaços vetoriais V e U, uma transformação linear $T: V \to U$, as bases $\beta$ de V e $\beta_1$ de U. Então, para todo $v \in V$, $[T(v)]_{\beta_1} = [T]_{\beta_1}^{\beta} [v]_{\beta}$.

### Exercício resolvido

Considere $T: \mathbb{R}^3 \to \mathbb{R}^2$ uma transformação linear, de modo que $T(x,y,z) = (x-y+2z, 2x-3z, x+2y+z)$.

**a.** Encontre a matriz [T] de T nas bases canônicas de $\mathbb{R}^3$ e $\mathbb{R}^2$. Sendo $v = (-1,2,0)$, encontre T(v).

**b.** Encontre a matriz $[T]_{\beta_1}^{\beta}$ de T, dadas as bases $\beta = \{(1,1,1),(1,0,0),(1,1,0)\}$ e $\beta_1 = \{(0,1,0),(-1,0,0),(0,1,1)\}$.

### Resolução

Em relação ao item **a**, para encontrarmos a matriz de T nas bases canônicas, basta calcularmos T nos vetores da base:

$$T(1,0,0) = (1,2,1)$$

$$T(0,1,0) = (-1,0,2)$$

$$T(0,0,1) = (2,-3,1)$$

Vamos colocar em coluna os vetores resultantes:

$$[T] = \begin{bmatrix} 1 & -1 & 2 \\ 2 & 0 & -3 \\ 1 & 2 & 1 \end{bmatrix}$$

Para calcular T(v) com $v = (-1,2,0)$, basta substituirmos na equação de T os valores $x = -1$, $y = 2$ e $z = 0$, $T(-1,2,0) = (-1-2+2.0, 2.-1-3.0, -1+2.2+0) = (-3,-2,3)$. Poderíamos ter calculado utilizando a matriz da seguinte maneira:

$$\begin{bmatrix} 1 & -1 & 2 \\ 2 & 0 & -3 \\ 1 & 2 & 1 \end{bmatrix} \begin{bmatrix} -1 \\ 2 \\ 0 \end{bmatrix} = \begin{bmatrix} -3 \\ -2 \\ 3 \end{bmatrix}$$

Em relação ao item **b**, para encontrarmos $[T]_{\beta_1}^{\beta}$, vamos calcular T dos vetores da base $\beta$:

$$T(1,1,1) = (2,-1,4)$$

$$T(1,0,0) = (1,2,1)$$

$$T(1,1,0) = (0,2,3)$$

Precisamos escrever os vetores encontrados na base $\beta_1$:

$$(2,-1,4) = a_1(0,1,0) + b_1(-1,0,0) + c_1(0,1,1) = (-b_1, a_1 + c_1, c_1)$$

$$\begin{cases} -b_1 = 2 \\ a_1 + c_1 = -1 \\ c_1 = 4 \end{cases}$$

Substituindo $c_1 = 4$ na segunda equação, temos $a_1 = -5$. E da primeira equação temos $b_1 = -2$.

$$(1,2,1) = a_2(0,1,0) + b_2(-1,0,0) + c_2(0,1,1) = (-b_2, a_2 + c_2, c_2)$$

$$\begin{cases} -b_2 = 1 \\ a_2 + c_2 = 2 \\ c_2 = 1 \end{cases}$$

Substituindo $c_2 = 1$ na segunda equação, temos $a_2 = 1$. E da primeira equação temos $b_2 = -1$.

$$(0,2,3) = a_3(0,1,0) + b_3(-1,0,0) + c_3(0,1,1) = (-b_3, a_3 + c_3, c_3)$$

$$\begin{cases} -b_3 = 0 \\ a_3 + c_3 = 2 \\ c_3 = 3 \end{cases}$$

Substituindo $c_3 = 3$ na segunda equação, temos $a_3 = -1$. E da primeira equação temos $b_3 = 0$.

$$[T]_{\beta_1}^{\beta} = \begin{bmatrix} a_1 & a_2 & a_3 \\ b_1 & b_2 & b_3 \\ c_1 & c_2 & c_3 \end{bmatrix} = \begin{bmatrix} -5 & 1 & -1 \\ -2 & -1 & 0 \\ 4 & 1 & 3 \end{bmatrix}$$

### Exemplo 3.12

Considere $T : \mathbb{R}^2 \to \mathbb{R}^3$ uma transformação linear, sendo que $T(-1,1) = (1,2,3)$ e $T(2,3) = (1,1,1)$. Encontre a matriz de T relativa às bases canônicas de $\mathbb{R}^2$ e $\mathbb{R}^3$.

$$T(-1,1) = T(-(1,0) + (0,1)) = -T(1,0) + T(0,1)$$

$$T(2,3) = T(2(1,0) + 3(0,1)) = 2T(1,0) + 3T(0,1)$$

Chamando $T(1,0) = \mathbf{a}$ e $T(0,1) = \mathbf{b}$, de modo que $\mathbf{a}, \mathbf{b} \in \mathbb{R}^2$, substituindo nas igualdades anteriores, temos:

$$T(-1,1) = -a + b$$

$$T(2,3) = 2a + 3b$$

Vamos encontrar **a** e **b**. Isolando **b** na primeira equação, temos $\mathbf{b} = T(-1,1) + \mathbf{a}$, substituindo b na segunda equação temos:

$$T(2,3) = 2a + 3(T(-1,1) + a) = 2a + 3T(-1,1) + 3a = 5a + 3T(-1,1)$$

$$5a = T(2,3) - 3T(-1,1)$$

$$a = \frac{T(2,3) - 3T(-1,1)}{5}$$

Substituindo $T(-1,1) = (1,2,3)$ e $T(2,3) = (1,1,1)$, temos:

$$a = \frac{T(2,3) - 3T(-1,1)}{5} = \frac{1}{5}((1,1,1) - 3(1,2,3)) =$$
$$\frac{1}{5}((1,1,1) + (-3,-6,-9)) = \frac{1}{5}(-2,-5,-8) = \left(-\frac{2}{5}, -1, -\frac{8}{5}\right)$$

Substituindo o resultado obtido anteriormente em $b = T(-1,1) + a$, temos:

$$b = (1,2,3) + \left(-\frac{2}{5}, -1, -\frac{8}{5}\right) = \left(\frac{3}{5}, 1, \frac{7}{5}\right)$$

Voltando em $T(1,0) = a$ e $T(0,1) = b$, temos:

$$T(1,0) = \left(-\frac{2}{5}, -1, -\frac{8}{5}\right) = -\frac{2}{5}(1,0,0) - 1(0,1,0) - \frac{8}{5}(0,0,1)$$

$$T(0,1) = \left(\frac{3}{5}, 1, \frac{7}{5}\right) = \frac{3}{5}(1,0,0) + 1(0,1,0) + \frac{7}{5}(0,0,1)$$

Então a matriz de T é a seguinte:

$$\begin{bmatrix} -\frac{2}{5} & \frac{3}{5} \\ -1 & 1 \\ -\frac{8}{5} & \frac{7}{5} \end{bmatrix}$$

## Exemplo 3.13

Dadas as bases $\beta = \{(1,1),(0,1)\}$ de $\mathbb{R}^2$ e $\beta_1 = \{(0,1,0),(-1,0,0),(0,1,1)\}$ de $\mathbb{R}^3$, encontre a transformação linear $T: \mathbb{R}^2 \to \mathbb{R}^3$, sendo que:

$$[T]_{\beta_1}^{\beta} = \begin{bmatrix} -4 & 5 \\ -2 & 0 \\ 5 & -2 \end{bmatrix}$$

Considerando o teorema $[T(v)]_{\beta_1} = [T]_{\beta_1}^{\beta}[v]_{\beta}$, então:

$$[T(1,1)]_{\beta_1} = [T]_{\beta_1}^{\beta}[(1,1)]_{\beta} \quad [T(0,1)]_{\beta_1} = [T]_{\beta_1}^{\beta}[(0,1)]_{\beta}$$

$$\begin{bmatrix} -4 & 5 \\ -2 & 0 \\ 5 & -2 \end{bmatrix}\begin{bmatrix} 1 \\ 1 \end{bmatrix} = \begin{bmatrix} 1 \\ -2 \\ 3 \end{bmatrix} \quad \begin{bmatrix} -4 & 5 \\ -2 & 0 \\ 5 & -2 \end{bmatrix}\begin{bmatrix} 0 \\ 1 \end{bmatrix} = \begin{bmatrix} 5 \\ 0 \\ -2 \end{bmatrix}$$

Logo, $(1,-2,3)$ são as coordenadas de T(1,1) na base $\beta_1$ e $(5,0,-2)$ são as coordenadas de T(0,1) na base $\beta_1$. Isso significa que:

$$T(1,1)_{\beta_1} = 1(0,1,0) - 2(-1,0,0) + 3(0,1,1) = (0,1,0) + (2,0,0) + (0,3,3) = (2,4,3) = T(1,1)$$

$$T(0,1)_{\beta_1} = 5(0,1,0) + 0(-1,0,0) - 2(0,1,1) = (0,5,0) + (0,0,0) + (0,2,2) = (0,3,-2) = T(0,1)$$

Considere $v = (x,y)$ um vetor qualquer de $\mathbb{R}^2$. Ele pode ser escrito como uma combinação linear dos vetores da base $\{(1,1),(0,1)\}$. Já vimos em exemplos anteriores que $(x,y) = x(1,1) + (y-x)(0,1)$; desse modo, aplicando a transformação linear T, temos:

$$T(x,y) = xT(1,1) + (y-x)T(0,1) = x(2,4,3) + (y-x)(0,3,-2) =$$
$$(2x,4x,3x) + (0,3y-3x,-2y+2x) = (2x, x+3y, 5x-2y)$$

---

### Teorema

Considere as transformações lineares $T_1: V \to U$, $T_2: U \to W$, e as bases $\beta$, $\beta_1$ e $\beta_2$, dos espaços V, U e W, respectivamente. Sendo a transformação composta $T_2 \circ T_1: V \to W$, temos:

$$[T_2 \circ T_1]_{\beta_2}^{\beta} = [T_2]_{\beta_2}^{\beta_1}[T_1]_{\beta_1}^{\beta}$$

## Exemplo 3.14

Considere as transformações lineares $T_1$ e $T_2$, sendo que $T_1: \mathbb{R}^2 \to \mathbb{R}^2$ é a rotação de 90°, sentido anti-horário, em torno da origem, e $T_2: \mathbb{R}^2 \to \mathbb{R}^2$, $T_2(x,y) = (2x, 2y)$. Encontre a matriz da transformação composta $T_2 \cdot T_1$.

A matriz da rotação, conforme já vimos, é dada por $\begin{bmatrix} \cos(\theta) & -\text{sen}(\theta) \\ \text{sen}(\theta) & \cos(\theta) \end{bmatrix}$. Desse modo, para $T_1$, o ângulo é $\theta = 90°$. Assim:

$$[T_1] = \begin{bmatrix} \cos(90°) & -\text{sen}(90°) \\ \text{sen}(90°) & \cos(90°) \end{bmatrix} = \begin{bmatrix} 0 & -1 \\ 1 & 0 \end{bmatrix}$$

Para $T_2$, calculando $T(1,0) = (2,0)$ e $T(0,1) = (0,2)$, temos que a matriz é a seguinte:

$$[T_2] = \begin{bmatrix} 2 & 0 \\ 0 & 2 \end{bmatrix}$$

Então:

$$[T_2 \cdot T_1] = [T_2][T_1] = \begin{bmatrix} 2 & 0 \\ 0 & 2 \end{bmatrix} \begin{bmatrix} 0 & -1 \\ 1 & 0 \end{bmatrix} = \begin{bmatrix} 0 & -2 \\ 2 & 0 \end{bmatrix}$$

### Síntese

Neste capítulo, você conheceu um tipo especial de função, a transformação linear, que preserva certa "estrutura" do espaço vetorial. Compreendeu os conceitos envolvidos no conteúdo de transformações lineares, como o núcleo, a imagem e a matriz de uma transformação, além do isomorfismo e da inversa de uma transformação linear. Você compreendeu a relação entre injetividade e sobrejetividade com núcleo, imagem e dimensão. Aprendeu ainda que escrever a transformação linear como matriz torna alguns resultados mais fáceis.

## Atividades de autoavaliação

1) Analise as afirmações a seguir e indique se são verdadeiras (V) ou falsas (F):
   ( ) Se $T: U \to V$ é uma transformação linear e se $T(w) = T(u) + T(v)$, então $w = u + v$.
   ( ) Seja $T: \mathbb{R}^4 \to \mathbb{R}^4$ definida por $T(x,y,z,w) = (x-w, y-w, x+z)$, temos que T é uma transformação linear.

( ) Se $T: U \to V$ é uma transformação linear e se $v$ pertencente a $V$ é, sendo que $T(v) = 0$, então $v = 0$.

( ) Seja $T: \mathbb{R}^3 \to \mathbb{R}^3$ definida por $T(x,y,z) = (3x, 2, 5z)$, temos que T é uma transformação linear.

Assinale a alternativa que corresponde à sequência correta:
a. F, V, V, F.
b. V, F, F, V.
c. F, V, F, F.
d. V, V, V, F.

2) Considere as transformações lineares $R, S, P: \mathbb{R}^2 \to \mathbb{R}^2$, sendo que R é a rotação de 30° em torno da origem, S é a reflexão em torno da reta $y = 2x$ e P é a projeção ortogonal sobre a mesma reta. Assinale a alternativa correta:
a. $RS = SR$
b. $RP = PR$
c. $PS \neq SP$
d. $RSR = S$

3) Analise e indique se as afirmações a seguir são verdadeiras (V) ou falsas (F):
( ) A transformação linear $T: \mathbb{R}^3 \to \mathbb{R}^2$, definida por $T(x,y,z) = (2x + y, z)$, é sobrejetiva.
( ) A transformação linear $T: \mathbb{R} \to \mathbb{R}^n$, definida por $T(x) = (x, 2x, 3x, \ldots, nx)$, é injetiva.
( ) Na transformação linear $T: \mathbb{R}^3 \to \mathbb{R}^3$, definida por $T(x,y,z) = (x, 2y, 0)$, a imagem de T tem dimensão 1.
( ) Na transformação linear $T: \mathbb{R}^2 \to \mathbb{R}^2$, definida por $T(x,y) = (3y, 0)$, o núcleo de T é o eixo x.

Assinale a alternativa que corresponde à sequência correta:
a. V, V, F, V.
b. V, F, F, V.
c. F, V, V, F.
d. F, F, V, F.

4) Considere a transformação linear $T: \mathbb{R}^2 \to \mathbb{R}^3$, de modo que $T(1,0) = (2,-1,0)$ e $T(0,1) = (0,0,1)$. Assinale a afirmativa correta:
a. A transformação linear T é do tipo $T(x,y) = (2x, x, y)$.
b. T não é injetora.
c. A dimensão da imagem de T é 2.
d. O núcleo de T tem dimensão 3.

**5)** Considere a transformação linear $T : \mathbb{R}^3 \to \mathbb{R}^3$, definida por $T(x,y,z) = (x-2y, z, x+y)$. Assinale a afirmativa correta:

**a.** T é injetora, mas não é sobrejetora.
**b.** T é um isomorfismo.
**c.** T é sobrejetora, mas não é injetora.
**d.** A dimensão da imagem de T é 2.

## Atividades de aprendizagem

### Questões para reflexão

**1)** Utilizando o *software* GeoGebra, faça o que se pede:
   **a.** Represente os vetores (2, –1), (1,1), e (1, –2), utilizando a ferramenta vetor; clique primeiro na origem (0,0) e, depois, nas coordenadas (2, –1), por exemplo, para o primeiro vetor.
   **b.** Use a transformação linear $T(x,y) = (x+2y, y)$ para calcular T(2, –1), T(1,1) e T(1, –2). Represente no Geogebra os vetores imagens T(2, –1), T(1,1) e T(1, –2). Compare os vetores com suas respectivas imagens.
   **c.** Use a transformação linear T(x,y) = (x, –y) para calcular T(2, –1), T(1,1) e T(1, –2). Represente no Geogebra os vetores imagens T(2, –1), T(1,1) e T(1,–2). Compare os vetores com suas respectivas imagens.
   **d.** Use a transformação linear T(x,y) = (x + y, 2x +2y) para calcular T(2, –1), T(1,1) e T(1, –2). Represente no Geogebra os vetores imagens T(2, –1), T(1,1) e T(1, –2). Compare os vetores com suas respectivas imagens. Na janela do GeoGebra, em seu rodapé, há uma ferramenta chamada *Entrada*, digite a equação da reta y = –x. Escolha um vetor qualquer nessa reta e calcule T nesse vetor. O que acontece? Essa reta representa que conjunto?

**2)** Determine a equação das seguintes transformações lineares $T : \mathbb{R}^2 \to \mathbb{R}^2$ e suas respectivas matrizes, sendo que:
   **a.** T é a reflexão pela origem;
   **b.** T é a reflexão em torno do eixo x.

### Atividade aplicada: prática

**1)** Vimos que podemos associar a uma transformação linear uma matriz, vimos também que aplicar a transformação linear em um vetor é o mesmo que multiplicar matrizes. No aplicativo Excel, do Microsoft Windows, podemos escrever matrizes e calcular a multiplicação entre elas. Usando uma planilha no Excel, elabore uma atividade sobre transformações lineares e sua visualização geométrica.

Neste capítulo, vamos adicionar à estrutura dos espaços vetoriais o conceito de distância, comprimento e, consequentemente, conseguiremos sentidos para ângulos, ortogonalidade e outras propriedades. O produto interno enriquece nosso espaço vetorial, acrescenta os conceitos mencionados. O produto interno canônico é o mais comum e utilizado, porém, não é o único tipo de produto interno que existe. Tendo o produto interno, temos o conceito de ortogonal, que vamos aplicar nas bases já conhecidas; assim teremos uma base com vetores ortogonais e, também, a partir do comprimento, teremos uma base ortonormal. Veremos que dada qualquer base, conseguimos encontrar uma base ortonormal. Também estudaremos transformações lineares que relacionam o domínio e a imagem por meio do produto interno.

# 4

# Produto interno

## 4.1 O produto interno ou produto escalar

O produto interno, também chamado de *produto escalar*, em um espaço vetorial V, é um funcional linear, ou seja, uma função $V \times V \to \mathbb{R}$ que associa a cada par de vetores um número, sendo válidas a seguintes propriedades:

- **Bilinearidade**: $\langle u_1 + u_2, v \rangle = \langle u_1, v \rangle + \langle u_2, v \rangle$ e $\langle u, v_1 + v_2 \rangle = \langle u, v_1 \rangle + \langle u, v_2 \rangle$
  $\langle \alpha u, v \rangle = \alpha \langle u, v \rangle$ e $\langle u, \alpha v \rangle = \alpha \langle u, v \rangle$.
- **Comutatividade**: $\langle u, v \rangle = \langle v, u \rangle$.
- **Positividade**: $\langle u, u \rangle > 0$ se $u \neq 0$ e $\langle u, 0 \rangle = \langle 0, u \rangle = 0$ para todo u.

Podemos fazer algumas considerações em relação aos itens da definição de produto interno. Das propriedades, temos que, se $\langle u, v \rangle = 0$, para todo v em V então u = 0. De fato, se u não fosse o vetor nulo e $\langle u, v \rangle = 0$ para todo v em V, em particular para v = u, da positividade teríamos $\langle u, u \rangle > 0$ e não $\langle u, u \rangle = 0$. E se $\langle u_1, v \rangle = \langle u_2, v \rangle$ para todo v em V, então $u_1 = u_2$; de fato, de $\langle u_1, v \rangle = \langle u_2, v \rangle$, podemos escrever $\langle u_1, v \rangle - \langle u_2, v \rangle = 0$. Da bilinearidade, temos $\langle u_1 - u_2, v \rangle = 0$ para todo v. Vimos, então, que $u_1 - u_2 = 0$, logo, $u_1 = u_2$.

> **Preste atenção!**
>
> O produto interno é um número real!

Considere o espaço $\mathbb{R}^n$, $u = (x_1, x_2, x_3, \ldots, x_n)$ e $v = (y_1, y_2, y_3, \ldots, y_n)$ vetores quaisquer de $\mathbb{R}^n$. Chamamos de produto interno canônico o produto definido como $\langle u, v \rangle = x_1 y_1 + x_2 y_2 + x_3 y_3 + \ldots + x_n y_n$.

Se tomarmos vetores quaisquer no espaço $\mathbb{R}^3$, $u = (x_1, x_2, x_3)$ e $v = (y_1, y_2, y_3)$, o produto interno canônico fica sendo $\langle u, v \rangle = x_1 y_1 + x_2 y_2 + x_3 y_3$.

## Exercício resolvido

Seja o espaço das matrizes quadradas de ordem 2, $M(2\times 2)$. Mostre que a operação entre as matrizes $A = \begin{bmatrix} a & b \\ c & d \end{bmatrix}$ e $B = \begin{bmatrix} a_1 & b_1 \\ c_1 & d_1 \end{bmatrix}$ pertencentes a $M(2\times 2)$, definida a seguir, é um produto interno.

$$\left\langle \begin{bmatrix} a & b \\ c & d \end{bmatrix}, \begin{bmatrix} a_1 & b_1 \\ c_1 & d_1 \end{bmatrix} \right\rangle = aa_1 + 2bb_1 + 3cc_1 + dd_1$$

### Resolução

Para comprovar que a operação é um produto interno, vamos mostrar que o produto dado satisfaz a bilinearidade, a comutatividade e a positividade apresentadas na definição de produto interno. Sejam as matrizes $A = \begin{bmatrix} a & b \\ c & d \end{bmatrix}$, $B = \begin{bmatrix} a_1 & b_1 \\ c_1 & d_1 \end{bmatrix}$ e $C = \begin{bmatrix} a_2 & b_2 \\ c_2 & d_2 \end{bmatrix}$, pertencentes a $M(2\times 2)$, temos:

$$\langle A + B, C \rangle = \left\langle \begin{bmatrix} a+a_1 & b+b_1 \\ c+c_1 & d+d_1 \end{bmatrix}, \begin{bmatrix} a_2 & b_2 \\ c_2 & d_2 \end{bmatrix} \right\rangle =$$

$$= (a+a_1)a_2 + 2(b+b_1)b_2 + 3(c+c_1)c_2 + (d+d_1)d_2 =$$

$$= aa_2 + a_1a_2 + 2bb_2 + 2b_1b_2 + 3cc_2 + 3c_1c_2 + dd_2 + d_1d_2$$

$$\langle A, C \rangle = \left\langle \begin{bmatrix} a & b \\ c & d \end{bmatrix}, \begin{bmatrix} a_2 & b_2 \\ c_2 & d_2 \end{bmatrix} \right\rangle = aa_2 + 2bb_2 + 3cc_2 + dd_2$$

$$\langle B, C \rangle = \left\langle \begin{bmatrix} a_1 & b_1 \\ c_1 & d_1 \end{bmatrix}, \begin{bmatrix} a_2 & b_2 \\ c_2 & d_2 \end{bmatrix} \right\rangle = a_1a_2 + 2b_1b_2 + 3c_1c_2 + d_1d_2$$

Temos $\langle A + B, C \rangle = \langle A, C \rangle + \langle B, C \rangle$. Fica como exercício a igualdade $\langle A, B + C \rangle = \langle A, B \rangle + \langle A, C \rangle$. Seja um número real $\alpha$:

$$\langle \alpha A, C \rangle = \left\langle \begin{bmatrix} \alpha a & \alpha b \\ \alpha c & \alpha d \end{bmatrix}, \begin{bmatrix} a_2 & b_2 \\ c_2 & d_2 \end{bmatrix} \right\rangle =$$

$$\alpha a a_2 + 2\alpha b b_2 + 3\alpha cc_2 + \alpha dd_2 = \alpha(aa_2 + 2bb_2 + 3cc_2 + dd_2) = \alpha \langle A, C \rangle$$

Como exercício, mostre a igualdade $\langle A, \alpha C\rangle = \alpha\langle A, C\rangle$. Para a comutatividade, utilizando $(A,C) = aa_2 + 2bb_2 + 3cc_2 + dd_2$, encontrado anteriormente, temos:

$$\langle C, A\rangle = \langle \begin{bmatrix} a_2 & b_2 \\ c_2 & d_2 \end{bmatrix}, \begin{bmatrix} a & b \\ c & d \end{bmatrix}\rangle = a_2 a + 2b_2 b + 3c_2 c + d_2 d = \langle A, C\rangle$$

Para a positividade, se A é diferente da matriz nula, então $a \neq 0$, $b \neq 0$, $c \neq 0$ e $d \neq 0$, portanto, o produto $\langle A, A\rangle = a^2 + 2b^2 + 3c^2 + d^2$ é maior do que zero. E $\langle A, 0\rangle = \langle 0, A\rangle = a \cdot 0 + 2b \cdot 0 + 3c \cdot 0 + d \cdot 0 = 0$ para toda matriz A. Concluímos, então, que o produto apresentado é um produto interno.

### 4.1.1 Vetores ortogonais e suas propriedades

Dado um espaço vetorial V com um produto interno $\langle , \rangle$, dizemos que dois vetores u e v de V são ortogonais se $\langle u, v\rangle = 0$; e denotamos por $u \perp v$. Dessa definição, decorrem algumas propriedades:

- $0 \perp v$ para todo v de V.

  De fato, $\langle 0, v\rangle = \langle 0 + 0, v\rangle = \langle 0, v\rangle + \langle 0, v\rangle$; logo, $\langle 0, v\rangle = 2\langle 0, v\rangle$ e só é válido se 0, $v = 0$ para todo v de V, portanto, $0 \perp v$ para todo v de V.

- Se $u \perp v$, então $v \perp u$.

  De $u \perp v$, temos que $\langle u, v\rangle = 0$, pela propriedade simétrica do produto interno, $\langle u, v\rangle = \langle v, u\rangle$; então $\langle v, u\rangle = 0$, o que resulta em $v \perp u$.

- Se $u \perp v$ para todo v de V, então $u = 0$.

  Considerando para todo elemento v de V que $u \perp v$, temos então que $\langle u, v\rangle = 0$, para todo v de V. Se $u \neq 0$, logo $\langle u, v\rangle \neq 0$ para, no mínimo, quando $u = v$, pois teríamos $(u, u) \neq 0$. Dessa maneira, para que tenhamos $\langle u, v\rangle = 0$ para todo v de V, é preciso que o vetor u seja nulo; $u = 0$.

- Se $u_1 \perp v$ e $u_2 \perp v$ então $(u_1 + u_2) \perp v$.

  De fato, se $u_1 \perp v$ e $u_2 \perp v$, temos $\langle u_1, v\rangle = 0$ e $\langle u_2, v\rangle = 0$. Utilizando a propriedade da bilinearidade do produto interno, temos $\langle u_1, v\rangle + \langle u_2, v\rangle = \langle u_1 + u_2, v\rangle = 0$, portanto, $(u_1 + u_2) \perp v$.

- Se $u \perp v$ e $\alpha$ é um escalar qualquer, então $\alpha u \perp v$.

  Como $u \perp v$, ou seja, $\langle u, v\rangle = 0$, usando a propriedade do produto interno, temos $\alpha\langle u, v\rangle = \langle \alpha u, v\rangle = 0$; logo, $\alpha u \perp v$.

### Exemplo 4.1

Considerando o produto interno canônico de $\mathbb{R}^3$, dê exemplo de dois vetores ortogonais ao vetor $u = (1,0,1)$.

Seja $v = (x,y,z) \in \mathbb{R}^3$, de modo que $v \perp u$, então $(x,y,z)(1,0,1) = 0$. Temos:

$$x \cdot 1 + y \cdot 0 + z \cdot 1 = x + z = 0$$

Logo, $z = -x$. Qualquer vetor com coordenadas $(x,y,-x)$ é ortogonal ao vetor u, dois exemplos são $(2,3,-2)$ e $(50,23,-50)$.

### 4.1.2 Base ortogonal

Considere V um espaço vetorial com um produto interno, dizemos que um conjunto $X \subset V$ é um conjunto ortogonal se dois vetores quaisquer distintos são ortogonais.

> **Teorema**
> Em um espaço vetorial V com produto interno, todo conjunto (contido em V) ortogonal, de vetores não nulos $\{v_1, v_2, v_3, \ldots, v_n\}$ é linearmente independente.

**Demonstração**

Considere um espaço vetorial V com produto interno e um conjunto ortogonal $X = \{v_1, v_2, v_3, \ldots, v_n\}$ os vetores são não nulos. Temos $\langle v_i, v_j \rangle = 0$ para todo $i \neq j$. Vamos mostrar que X é LI, então devemos considerar que: $\alpha_1 v_1 + \alpha_2 v_2 + \alpha_3 v_3 + \ldots + \alpha_n v_n = 0$.

Podemos escrever $\langle 0, v_i = 0 \rangle$ utilizando as propriedades do produto interno, como:

$$\langle 0, v_i \rangle = \langle \alpha_1 v_1 + \alpha_2 v_2 + \alpha_3 v_3 + \ldots + \alpha_n v_n, v_i \rangle =$$

$$= \alpha_1 \langle v_1, v_i \rangle + \alpha_2 \langle v_2, v_i \rangle + \ldots \alpha_i \langle v_i, v_i \rangle + \ldots + = \alpha_n \langle v_n, v_i \rangle = 0$$

Como $\langle v_i, v_j \rangle = 0$ para todo $i \neq j$, e os vetores de X são não nulos, então, temos $\langle v_i, v_i \rangle$: $\alpha_i \langle v_i, v_i \rangle = 0 \Rightarrow \alpha_i = 0$.

E isso vale para todo $i = 1, 2, 3, \ldots, n$, então o conjunto $X = \{v_1, v_2, v_3, \ldots, v_n\}$ é linearmente independente.

Uma base $B = \{v_1, v_2, v_3, \ldots, v_n\}$ de um espaço vetorial munido de um produto interno é chamada de *base ortogonal* se seus vetores são, dois a dois, ortogonais.

### Exemplo 4.2

No $\mathbb{R}^3$, a base canônica $\{e_1, e_2, e_3\} = \{(1,0,0), (0,1,0), (0,0,1)\}$ é uma base ortogonal. De fato, $e_1 \cdot e_2 = e_1 \cdot e_3 = e_2 \cdot e_3 = 0$.

### Exemplo 4.3

No $\mathbb{R}^2$ a base $\{(1,1), (-1,1)\}$ é uma base ortogonal. De fato, $(1,1)(-1,1) = -1 + 1 = 0$.

### Exemplo 4.4

Vamos verificar, em cada caso, se o conjunto de $\mathbb{R}^3$ dado é ortogonal.

a. $\{(1,0,0), (2,1,1), (0,1,-1)\}$

Fazendo o produto entre os vetores:

$(1,0,0)(2,1,1) \neq 0$

Logo, o conjunto não é ortogonal:

**b.** $\{(0,0,1),(2,1,0),(-1,2,0)\}$

Fazendo o produto entre os vetores:

$(0,0,1)(2,1,0) = 0$, $(0,0,1)(-1,2,0) = 0$, $(2,1,0)(-1,2,0) = -2 + 2 = 0$

Portanto, o conjunto é ortogonal:

**c.** $\{(3,12,4),(4,3,-12),(12,-4,3)\}$

$(3,12,4)(4,3,-12) = 12 + 36 - 48 = 0$, $(3,12,4)(4,3,-12) = 12 + 36 - 48 = 0$

$(4,3,-12)(12,-4,3) = 48 - 12 - 36 = 0$

Então, o conjunto é ortogonal.

### 4.1.3 Norma

Agora que temos um produto interno, podemos definir o comprimento de um vetor que também recebe o nome de *norma*.

Dado um espaço vetorial V, munido de um produto interno $\langle , \rangle$, a norma de um vetor $v \in V$ é definida como o número real não negativo: $\|v\| = \sqrt{\langle v, v \rangle}$. Consequentemente, $\|v\|^2 = \langle v, v \rangle$ e

$\|u + v\|^2 = \langle u + v, u + v \rangle = \langle u + v, u \rangle + \langle u + v, v \rangle = \langle u, u \rangle + \langle v, u \rangle + \langle u, v \rangle + \langle v, v \rangle = \|u\|^2 + \|v\|^2 + 2\langle u, v \rangle$

O vetor que tem norma igual a 1 é chamado de *vetor unitário*. Dado qualquer vetor não nulo v, podemos encontrar um vetor unitário w, fazendo $w = \dfrac{v}{\|v\|}$. De fato, $\|w\| = \left\|\dfrac{v}{\|v\|}\right\| = \dfrac{\|v\|}{\|v\|} = 1$.

A norma tem as seguintes propriedades:

- $\|\alpha v\| = |\alpha|\|v\|$

   De fato, $\|\alpha v\| = \sqrt{\langle \alpha v, \alpha v \rangle} = \sqrt{\alpha^2 \langle v, v \rangle} = \alpha\sqrt{\langle v, v \rangle} = \alpha\|v\|$.

- $|\langle u,v \rangle| \leq \|u\|\|v\|$ – Desigualdade de Cauchy-Schwarz[1]

   Para qualquer número real t, vamos calcular:

$$\langle tu + v, tu + v \rangle = \langle tu + v, tu \rangle + \langle tu + v, v \rangle$$

$$= t^2\langle u, u \rangle + t\langle v, u \rangle + t\langle u, v \rangle + \langle v, v \rangle$$

$$= t^2\langle u, u \rangle + 2t\langle v, u \rangle + \langle v, v \rangle$$

Como já vimos, o produto interno é sempre não negativo, então:

$$\langle tu + v, tu + v \rangle \geq 0$$

$$t^2\langle u, u \rangle + 2t\langle v, u \rangle + \langle v, v \rangle \geq 0$$

---

[1] O nome dessa desigualdade foi dado em homenagem aos matemáticos Augustin Cauchy e Hermann Scharwz (Anton; Busby, 2006).

A equação apresentada é do segundo grau em t. Para satisfazer à desigualdade, então:

$$\Delta \leq 0$$

$$4\langle u,v\rangle\langle u,v\rangle - 4\langle u,u\rangle\langle v,v\rangle \leq 0$$

$$4\langle u,v\rangle^2 - 4\|u\|^2\|v\|^2 \leq 0$$

$$\langle u,v\rangle^2 \leq \|u\|^2\|v\|^2$$

$$|\langle u,v\rangle| \leq \|u\|\|v\|$$

- A igualdade vale se os vetores u e v forem múltiplos.
- $\|u+v\| \leq \|u\| + \|v\|$ – Desigualdade triangular[2]

$$\|u+v\|^2 = \langle u+v, u+v\rangle = \langle u,u\rangle + 2\langle u,v\rangle + \langle v,v\rangle = \|u\|^2 + \|v\|^2 + 2\langle u,v\rangle$$

Do item anterior, temos:

$$\|u+v\|^2 = \|u\|^2 + \|v\|^2 + 2\langle u,v\rangle \leq \|u\|^2 + \|v\|^2 + \|u\|\|v\| = (\|u\| + \|v\|)^2$$

$$\|u+v\|^2 \leq (\|u\| + \|v\|)^2$$

$$\|u+v\| \leq \|u\| + \|v\|$$

Com a definição de norma, podemos definir ângulo entre vetores. Considere um espaço vetorial V munido de um produto interno $\langle,\rangle$ e sejam dois vetores u e v pertencentes a V. Da desigualdade de Schwarz, temos $\dfrac{\|\langle u,v\rangle\|}{\|u\|\|v\|} \leq 1$.

Definimos $\cos(\theta) = \dfrac{\langle u,v\rangle}{\|u\|\|v\|}$, de modo que $\theta$ é o ângulo, entre 0 e $\pi$ radianos, entre os vetores u e v.

### Exercício resolvido

Dados os vetores u e v, de modo que {u,v} é LI e $\theta$ é o ângulo entre eles. Mostre que o vetor $\|u\|v + \|v\|u$ está contido na bissetriz do ângulo $\theta$.

---

[2] A desigualdade triangular é o nome dado ao que ocorre quando, em um triângulo, um lado é sempre menor do que a soma dos outros dois lados. A igualdade vale se os vetores são paralelos, ou seja, se for possível formar uma reta (Anton; Busby, 2006).

**Resolução**

Mostraremos primeiramente que os ângulos $\alpha$ entre $z = \|u\|v + \|v\|u$ e $u$ e $\beta$ entre $z$ e $v$ são iguais:

$$\cos(\alpha) = \frac{\langle z, u \rangle}{\|z\|\|u\|} = \frac{\langle \|u\|v + \|v\|u, u \rangle}{\|z\|\|u\|} = \frac{\|u\|\langle v, u \rangle + \|v\|\langle u, u \rangle}{\|z\|\|u\|} =$$

$$\frac{\|u\|\langle v, u \rangle}{\|z\|\|u\|} + \frac{\|v\|\langle u, u \rangle}{\|z\|\|u\|} = \frac{\langle v, u \rangle}{\|z\|} + \frac{\|v\|\|u\|}{\|z\|} = \frac{\langle v, u \rangle + \|v\|\|u\|}{\|z\|}$$

$$\cos(\beta) = \frac{\langle z, v \rangle}{\|z\|\|v\|} = \frac{\langle \|u\|v + \|v\|u, v \rangle}{\|z\|\|v\|} = \frac{\|u\|\langle v, v \rangle + \|v\|\langle u, v \rangle}{\|z\|\|v\|} =$$

$$\frac{\|u\|\langle v, v \rangle}{\|z\|\|v\|} + \frac{\|v\|\langle u, v \rangle}{\|z\|\|v\|} = \frac{\|u\|\|v\|}{\|z\|} + \frac{\langle v, u \rangle}{\|z\|} = \frac{\langle v, u \rangle + \|u\|\|v\|}{\|z\|}$$

Logo, $\alpha = \beta$.

Agora, definiremos o vetor **projeção ortogonal** de $v$ sobre $u$ ($u \neq 0$) como sendo $\text{proj}_u(v) = \frac{\langle u, v \rangle}{\langle u, u \rangle} \cdot u$; temos que $v - \text{proj}_u(v)$ é ortogonal a $u$.

**Figura 4.1** – Projeção

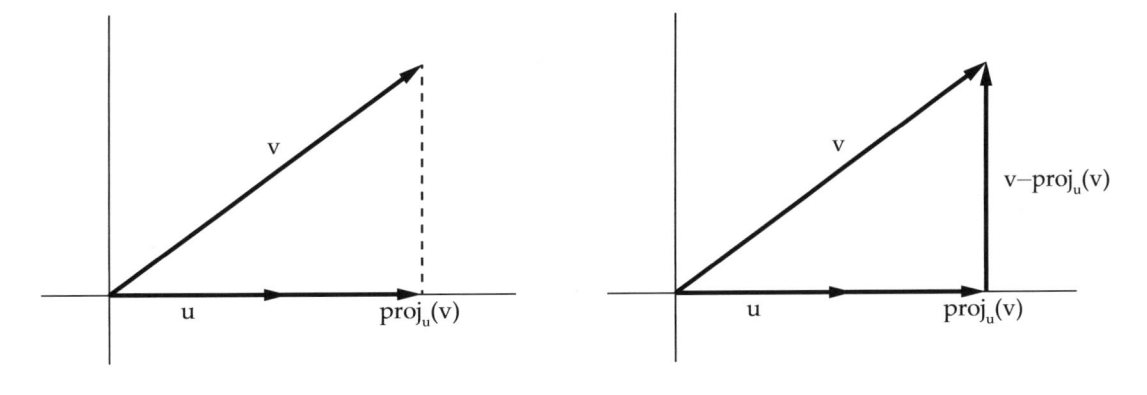

## 4.2 Processo de ortogonalização de Gram-Schmidt

Uma **base ortonormal** é uma base ortogonal, de modo que todos os seus elementos têm norma igual a 1. Dada uma base qualquer, será possível encontrar, a partir dela, uma base ortogonal? E uma base ortonormal? Vamos aprender a encontrar bases ortogonais dada uma base qualquer. Considere V um espaço vetorial e uma base $B = \{v_1, v_2, v_3, \ldots, v_n\}$ qualquer de V. Vamos construir uma base ortogonal para V. Para iniciar a construção, o primeiro elemento deve ser igual a $v_1$:

$$w_1 = v_1$$

Agora, precisamos de um novo elemento $w_2$ que seja ortogonal a $w_1$, ou seja, $\langle w_2, w_1 \rangle = 0$. Podemos ver $w_2$ como sendo $v_2$ menos a projeção ortogonal de $v_2$ sobre $v_1 = w_1$, então, temos:

$$w_2 = v_2 - aw_1$$

O valor de a é escolhido de maneira que tenhamos a ortogonalidade entre $w_1$ e $w_2$, ou seja:

$$\langle w_2, w_1 \rangle = 0$$
$$\langle v_2 - aw_1, w_1 \rangle = 0$$

Resolvendo a equação, temos que $a = \dfrac{\langle v_2, w_1 \rangle}{\langle w_1, w_1 \rangle}$, portanto, o segundo elemento é:

$$w_2 = v_2 - aw_1 = v_2 - \dfrac{\langle v_2, w_1 \rangle}{\langle w_1, w_1 \rangle} w_1$$

O terceiro elemento $w_3$ deve ser ortogonal a $w_1$ e a $w_2$ ao mesmo tempo, logo, $\langle w_3, w_1 \rangle = 0$ e $\langle w_3, w_2 \rangle = 0$. E, desse modo, temos:

$$w_3 = v_3 - bw_2 - cw_1$$

$$\langle w_3, w_1 \rangle = 0$$
$$\langle v_3 - bw_2 - cw_1, w_1 \rangle = 0$$

$$\langle w_3, w_2 \rangle = 0$$
$$\langle v_3 - bw_2 - cw_1, w_2 \rangle = 0$$

Resolvendo a equação, temos que:

$$b = \frac{\langle v_3, w_2 \rangle}{\langle w_2, w_2 \rangle} \quad c = \frac{\langle v_3, w_1 \rangle}{\langle w_1, w_1 \rangle}$$

Substituindo os dados em $w_3 = v_3 - bw_2 - cw_1$, temos:

$$w_3 = v_3 - \frac{\langle v_3, w_2 \rangle}{\langle w_2, w_2 \rangle} w_2 - \frac{\langle v_3, w_1 \rangle}{\langle w_1, w_1 \rangle} w_1$$

E assim repetimos o processo até obtermos $w_1, w_2, w_3, w_4, \ldots, w_n$ e, portanto, obtermos uma base ortogonal $B_1 = \{w_1, w_2, w_3, w_4, \ldots, w_n\}$. Para obter uma base ortonormal $B_2 = \{u_1, u_2, \ldots, u_n\}$, basta fazer $u_i = \frac{w_i}{\|w_i\|}$.

### Pense a respeito

O nome Gram-Schmidt (1850-1916), referente ao processo de ortogonalização, foi dado em homenagem ao dinamarquês Jörgen Pedersen Gram e ao alemão Erhard Schmidt (1876-1959). Apesar de a descoberta não ter sido feita por nenhum dos dois, ela recebeu seus nomes, pois Gram a utilizou em sua tese de doutorado envolvendo problemas de mínimos quadrados e Schmidt a utilizou em seus estudos de espaços vetoriais (Anton; Busby, 2006).

### Exercício resolvido

Encontre uma base ortonormal, utilizando o processo de Gram-Schmidt, para o espaço $\mathbb{R}^3$, sendo dada a base $\{v_1, v_2, v_3\}$, considerando que $v_1 = (-1, 1, 0)$, $v_2 = (5, 0, 0)$, $v_3 = (2, -2, 3)$.

**Resolução**

Vamos encontrar, inicialmente, uma base ortogonal $\{w_1, w_2, w_3\}$:

$$w_1 = v_1 = (-1, 1, 0)$$

$$w_2 = v_2 - \frac{\langle v_2, w_1 \rangle}{\langle w_1, w_1 \rangle} w_1 = \left(\frac{5}{2}, \frac{5}{2}, 0\right)$$

$$w_3 = v_3 - \frac{\langle v_3, w_2 \rangle}{\langle w_2, w_2 \rangle} w_2 - \frac{\langle v_3, w_1 \rangle}{\langle w_1, w_1 \rangle} w_1 = (0, 0, 3)$$

Para transformarmos essa base em uma base ortonormal, vamos aplicar $u_1 = \frac{w_1}{\|w_1\|}$, $u_2 = \frac{w_2}{\|w_2\|}$, $u_3 = \frac{w_3}{\|w_3\|}$.

$$u_1 = \frac{w_1}{\|w_1\|} = \frac{(-1,1,0)}{\|(-1,1,0)\|} = \left(\frac{-1}{\sqrt{2}}, \frac{1}{\sqrt{2}}, 0\right)$$

$$u_2 = \frac{w_2}{\|w_2\|} = \frac{\left(\frac{5}{2}, \frac{5}{2}, 0\right)}{\left\|\left(\frac{5}{2}, \frac{5}{2}, 0\right)\right\|} = \left(\frac{1}{\sqrt{2}}, \frac{1}{\sqrt{2}}, 0\right)$$

$$u_3 = \frac{w_3}{\|w_3\|} = \frac{(0,0,3)}{\|(0,0,3)\|} = \left(\frac{0}{3}, -\frac{0}{3}, \frac{3}{3}\right) = (0,0,1)$$

Logo, uma base ortonormal de $\mathbb{R}^3$ é $\left\{\left(\frac{-1}{\sqrt{2}}, \frac{1}{\sqrt{2}}, 0\right), \left(\frac{1}{\sqrt{2}}, \frac{1}{\sqrt{2}}, 0\right), (0,0,1)\right\}$. De fato, a base é ortonormal:

$$\left(\frac{-1}{\sqrt{2}}, \frac{1}{\sqrt{2}}, 0\right)\left(\frac{1}{\sqrt{2}}, \frac{1}{\sqrt{2}}, 0\right) = \frac{-1}{2} + \frac{1}{2} = 0 \quad \left\|\left(\frac{-1}{\sqrt{2}}, \frac{1}{\sqrt{2}}, 0\right)\right\| = \sqrt{\frac{1}{2} + \frac{1}{2} + 0} = 1$$

$$\left(\frac{-1}{\sqrt{2}}, \frac{1}{\sqrt{2}}, 0\right)(0,0,1) = 0 \quad \left\|\left(\frac{1}{\sqrt{2}}, \frac{1}{\sqrt{2}}, 0\right)\right\| = \sqrt{\frac{1}{2} + \frac{1}{2} + 0} = 1$$

$$\left(\frac{1}{\sqrt{2}}, \frac{1}{\sqrt{2}}, 0\right)(0,0,1) = 0 \quad \|(0,0,1)\| = \sqrt{0+0+1} = 1$$

## 4.3 A transformação adjunta

Vamos utilizar o produto interno para relacionarmos a cada transformação linear $T: V \to U$, uma outra transformação linear $T^*: U \to V$, chamada de *adjunta de T*, considerando que, para $u \in U$ e $v \in V$, tem-se $\langle T(v), u \rangle = \langle v, T^*(u) \rangle$.

> **Teorema**
>
> Considere $\alpha$ base ortonormal de $V$ e $\beta$ uma base ortonormal de $U$. Se $[T]_\beta^\alpha$ é a matriz da transformação $T: V \to U$, nas bases consideradas, então a matriz da $T^*: U \to V$, nas bases $\beta$ e $\alpha$, é a matriz transposta de $[T]_\beta^\alpha$, ou seja, é a matriz $[T]_\alpha^\beta = ([T]_\beta^\alpha)^t$.

Temos, a partir do teorema e das propriedades das matrizes transpostas, os seguintes itens (considere as transformações lineares $T_1, T_2 : V \to U$):

- $I^* = I$
- $(T_1 + T_2)^* = T_1^* + T_2^*$
- $(T_1 T_2)^* = T_2^* T_1^*$
- $(\alpha T_1)^* = \alpha T_1^*$
- $(T_1^*)^* = T_1$

### 4.3.1 Complemento ortogonal

Em geometria, temos o conceito de retas e planos perpendiculares, o qual podemos relacionar, em álgebra linear, ao que chamaremos de *complemento ortogonal*.

Considere V um espaço vetorial munido de um produto interno $\langle,\rangle$, e seja $X \subset V$ um conjunto não vazio. O **complemento ortogonal** de X é um conjunto $X^\perp$ formado por todos os vetores $v \in V$ que são ortogonais a todos os vetores x do conjunto X, ou seja, todo vetor v, que satisfaz $\langle v, x \rangle = 0$ para todo $x \in X$, pertence a $X^\perp$. Podemos fazer as seguintes considerações sobre o complemento ortogonal:

**1.** $X^\perp$ é um subespaço vetorial de V;

Temos que $\langle 0, x \rangle = 0$ para todo $x \in X$, então $0 \in X^\perp$. Sendo $\alpha$ um escalar e $v \in X^\perp$, $\langle \alpha v, x \rangle = \langle \alpha v, x \rangle = 0$, então $\alpha v \in X^\perp$. Agora, sejam $u, v \in X^\perp$, ou seja, $\langle u, x \rangle = 0$ e $\langle v, x \rangle = 0$ temos $\langle u + v, x \rangle = \langle u, x \rangle + \langle v, x \rangle = 0$, portanto, $u + v \in X$. Podemos concluir então que $X^\perp$ é um subespaço vetorial de V.

**2.** $X \cap X^\perp = \{0\}$;

Considere $v \in X \cap X^\perp$. De $v \in X^\perp$, temos que $(v, x) = 0$ para todo $x \in X$, em particular para $x = v$, pois $v \in X$; então $(v, v) = 0$, o que resulta em $v = 0$.

**3.** Para todo subespaço vetorial $U \subset V$, temos que $V = U \oplus U^\perp$;

Para V, podemos encontrar uma base ortonormal (a partir da base de U, com o processo de Gram-Schmidt): $\{v_1, v_2, v_3, \ldots, v_m\}$, de modo que $\{v_1, v_2, \ldots v_n\}$ é uma base ortonormal de U. Assim, um vetor $v \in V$ é escrito como uma combinação linear dos vetores da base V, ou seja, $v = \alpha_1 v_1 + \alpha_2 v_2 + \ldots \alpha_n v_n + \alpha_{n+1} v_{n+1} + \ldots \alpha_m v_m$. Podemos ver v como $v = u + w$, considerando que $u = \alpha_1 v_1 + \alpha_2 v_2 + \ldots \alpha_n v_n$ e $w = \alpha_{n+1} v_{n+1} + \ldots \alpha_m v_m$; observe que $u \in U$ e $w \in U^\perp$, portanto, $V = U + U^\perp$. Vimos no item anterior que $U \cap U^\perp = \{0\}$. Logo, $V = U \oplus U^\perp$.

**4.** Para todo subespaço vetorial X de V, tem-se $(X^\perp)^\perp$.

Para todo subespaço vetorial X de V, tem-se $\perp$.

> **Teorema**
> Considere os espaços vetoriais de dimensão finita V e U, providos de produto interno, e a transformação linear $T: V \to U$. Temos:

$$\text{Nuc}(T^*) = \text{Im}(T)^\perp$$

$$\text{Im}(T) = \text{Nuc}(T^*)^\perp$$

$$\text{Nuc}(T) = \text{Im}(T^*)^\perp$$

$$\text{Im}(T^*) = \text{Nuc}(T)^\perp$$

**Demonstração**

- Primeira igualdade: Considere $u \in \text{Nuc}(T^*)$ se, e somente se, $T^*(u) = 0 \Leftrightarrow \langle v, T^*(u) \rangle$ para todo $v \in V$. Da igualdade $\langle v, T^*(u) \rangle = \langle T(v), u \rangle$ temos $\langle v, T^*(u) \rangle = 0 \Leftrightarrow \langle T(v), u \rangle = 0$ para todo $v \in V \Leftrightarrow u \in \text{Im}(T)^\perp$.
- Terceira igualdade: Considere $v \in \text{Nuc}(T) \Leftrightarrow T(v) = 0 \Leftrightarrow \langle T(v), u \rangle = 0$ para todo $u \in U$. De $\langle T(v), u \rangle = \langle v, T^*(u) \rangle$ e da igualdade anterior, temos $\langle v, T^*(u) \rangle = 0$ para todo $u \in U \Leftrightarrow v \in (\text{Im}(T^*))^\perp$.

A segunda e a quarta igualdades ficam como exercício, uma dica é utilizar os fatos $(T^*)^* = T$ e $(T^\perp)^\perp$.

## Exercício resolvido

Dado o operador $T: \mathbb{R}^3 \to \mathbb{R}$, definido por $T(x,y,z) = (2x + y + 3z, x - 2y + 4z, 5x + 10z)$, obtenha bases para os seguintes subespaços de $\mathbb{R}^3$, $\text{Im}(T)$, $\text{Nuc}(T)$ e descreva quais deles são $\text{Im}(T^*)$ e $\text{Nuc}(T^*)$.

**Resolução**

Primeiramente, vamos encontrar a matriz de T. Para isso, calculamos $T(1,0,0) = (2,1,5)$, $T(0,1,0) = (1,-2,0)$ e $T(0,0,1) = (3,4,10)$.

$$\begin{bmatrix} 2 & 1 & 3 \\ 1 & -2 & 4 \\ 5 & 0 & 10 \end{bmatrix}$$

A imagem de T é gerada pelas linhas da matriz transposta de T:

$$\begin{bmatrix} 2 & 1 & 5 \\ 1 & -2 & 0 \\ 3 & 4 & 10 \end{bmatrix}$$

Escalonando, temos:

$$\begin{bmatrix} 2 & 1 & 5 \\ 0 & 1 & 1 \\ 0 & 0 & 0 \end{bmatrix}$$

Logo, {(2,1,5), (0,1,1)} é uma base para Im(T).

Para encontrar uma base do núcleo, temos $T(x,y,z) = (2x+y+3z, x-2y+4z, 5x+10z) = (0,0,0)$. Portanto:

$$\begin{cases} 2x+y+3z = 0 \\ x-2y+4z = 0 \\ 5x+z = 0 \end{cases}$$

$$\begin{bmatrix} 2 & 1 & 3 & 0 \\ 0 & 1 & -1 & 0 \\ 0 & 0 & 0 & 0 \end{bmatrix}$$

Da segunda linha, temos $y - z = 0$, logo $y = z$, substituindo os dados na primeira equação, temos $2x + z + 3z = 0$, logo $x = -2z$. O núcleo é descrito por $\{(-2z, z, z) \in \mathbb{R}^3\}$. Assim, uma base para o núcleo é {(−2,1,1)}. A $\text{Im}(T^*) = \text{Nuc}(T)^\perp$; portanto, a imagem de $T^*$ é talque $\langle (x,y,z), (-2,1,1) \rangle = 0$, ou seja, $-2x + y + z = 0$. E $\text{Nuc}(T^*) = \text{Im}(T)^\perp$; desse modo, a Im(T) tem como base {(2,1,5),(0,1,1)} e para encontrarmos a $\text{Im}(T)^\perp$ temos $(x,y,z)(2,1,5) = 2x + y + 5z = 0$ e $(x,y,z)(0,1,1) = y + z = 0$. Substituindo $y = -z$ da segunda igualdade na primeira, temos, $x = -2z$; assim, {(−2, −1,1)} gera o espaço $\text{Nuc}(T^*) = \text{Im}(T)^\perp$.

## 4.4 Isometrias

Vamos conhecer um operador linear no espaço $\mathbb{R}^n$, com a origem fixada, que preserva a norma, ou seja, preserva o tamanho. Então, por exemplo, um quadrado será levado em um quadrado.

Um operador linear $T: V \to V$, de modo que V é subespaço $\mathbb{R}^n$, com a origem fixada, definido, para todo $v \in V$, por:

$$\|T(v)\| = \|v\|$$

Esse operador é chamado de *isometria* e é um operador ortogonal sobre V.

### Exemplo 4.5

A rotação de $\theta$, em torno da origem $T: \mathbb{R}^2 \to \mathbb{R}^2$, definida por $T(x,y) = (x\cos(\theta) + y\operatorname{sen}(\theta), -x\operatorname{sen}(\theta) + y\cos(\theta))$ é uma isometria.

**Exercício resolvido**

Considerando $T: \mathbb{R}^2 \to \mathbb{R}^2$, definida por $T(x,y) = (x,-y)$, mostre que T é uma isometria. Descreva essa isometria.

**Resolução**

Para mostrar que T é isometria, vamos calcular $\|T(x)\| = \|(x,-y)\| = |-1|\|(x,y)\| = \|(x,y)\|$. Portanto, T é uma isometria, é a reflexão em relação ao eixo x, ou seja, a reflexão em relação à reta que passa pela origem com direção do vetor (1,0).

---

**Síntese**

Neste capítulo, você estudou a definição de produto interno e como ele pôde definir norma, distância e ângulo entre vetores. Você viu que cada espaço vetorial pode ter diversos tipos de produtos internos.

---

## Atividades de autoavaliação

**1)** Analise as afirmações a seguir e indique se são verdadeiras (V) ou falsas (F):

( ) Sendo $u = (x,y)$ e $v = (x_1, y_1)$ vetores quaisquer do $\mathbb{R}^2$, o produto $[u,v] = 2xx_1 - xy_1 - x_1y + 2yy_1$ é um produto interno.

( ) O conjunto $U = \{u_1, u_2, u_3\} \subset \mathbb{R}^3$, considerando que $u_1 = (1,2,1)$, $u_2 = (1,-1,1)$ e $u_3 = (-1,1,2)$, é um conjunto ortogonal.

( ) Na desigualdade de Schwarz vale a igualdade $|\langle u,v \rangle| = \|u\|\|v\|$ se, e somente se, um dos vetores, u,v, for múltiplo do outro.

( ) Para quaisquer vetores u e v temos $\|u+v\|^2 + \|u-v\|^2 = 2(\|u\|^2 - \|v\|^2)$.

Assinale a alternativa que corresponde à sequência correta:

a. V, F, F, V.
b. F, V, F, F.
c. V, F, V, V.
d. F, F, V, F.

**2)** Analise as afirmações a seguir e indique se são verdadeiras (V) ou falsas (F):

( ) Sendo $\langle , \rangle$ um produto interno canônico do espaço $\mathbb{R}^n$, então, temos, $\frac{1}{4}\|u+v\|^2 - \frac{1}{4}\|u-v\|^2 = \langle u,v \rangle$.

( ) Sendo $\langle , \rangle$ um produto interno canônico do espaço $^n$, se $\langle u,v \rangle = 0$, então $\|u+v\|^2 = \|u\|^2 + \|v\|^2$.

( ) No espaço $\mathbb{R}^2$, para quaisquer $u = (x_1, y_1)$, $v = (x_2, y_2)$ em $\mathbb{R}^2$, o produto $[u,v] = x_1 y_1 - 2x_1 y_2 - 2x_2 y_1 + 5x_2 y_2$ não define um produto interno.

( ) Sendo os vetores $u = (1,-1,0)$ e $v = (2,-1,2)$ elementos de $\mathbb{R}^3$, o ângulo entre u e v é $\theta = \dfrac{\pi}{2}$.

Assinale a alternativa que corresponde à sequência correta:

a. V, F, V, F.
b. V, V, F, F.
c. F, V, F, F.
d. F, F, V, F.

3) Analise as afirmações a seguir e indique se são verdadeiras (V) ou falsas (F):

( ) A base ortonormal de $\mathbb{R}^3$, obtida pelo processo de Gram-Schimdt a partir da base $\{(2,6,3),(-5,6,24),(9,-1,-4)\}$, é $\left\{\left(\dfrac{2}{7},\dfrac{6}{7},\dfrac{3}{7}\right),\left(-\dfrac{3}{7},-\dfrac{2}{7},\dfrac{6}{7}\right),\left(\dfrac{6}{7},-\dfrac{3}{7},\dfrac{2}{7}\right)\right\}$.

( ) Dado um isomorfismo $T: U \to V$, o produto $[u, u_1] = \langle Tu, Tu_1 \rangle$, definido para quaisquer $u, u_1 \in U$, é um produto interno.

( ) Em $\mathbb{R}^2$, considere o produto interno $\langle u, v \rangle = x_1 y_1 + 2x_2 y_2$, de modo que $u = (x_1, y_1)$ e $v = (x_2, y_2)$. Considerando esse produto interno, então os vetores $(1,1)$ e $(2,-1)$ não são ortogonais.

( ) Considere o conjunto $X \subset \mathbb{R}^3$, dado por $X = \{(1,0,-1),(4,1,4),(-3,24,-3)\}$; então X é um conjunto LI e ortogonal.

Assinale a alternativa que corresponde à sequência correta:

a. V, V, F, V.
b. V, F, F, V.
c. F, V, V, F.
d. F, F, V, F.

4) No espaço $\mathbb{R}^3$, considere os seguintes conjuntos, contidos em $\mathbb{R}^3$, X ={(1, 2, 1), (1, –1, 1), (–1, 1, 2)}, Y = {(a, b, c), (–b, a, 0), (–ac, –bc, a² + b²)} e $Z = \left\{\left(\dfrac{2}{7},\dfrac{6}{7},\dfrac{3}{7}\right),\left(\dfrac{3}{7},\dfrac{2}{7},-\dfrac{6}{7}\right),\left(\dfrac{6}{7},-\dfrac{3}{7},\dfrac{2}{7}\right)\right\}$.

Assinale a alternativa correta:

a. X e Y são só ortogonais e Z é ortonormal.
b. X não é ortogonal, Y é ortonormal e Z é ortogonal.
c. X não é ortogonal, Y é ortogonal e Z é ortonormal.
d. X é ortogonal, Y e Z são ortonormais.

5) Considere o espaço vetorial das matrizes de ordem 2, M (2×2), e o seguinte produto interno entre matrizes:

$$\left\langle \begin{bmatrix} a & b \\ c & d \end{bmatrix}, \begin{bmatrix} e & f \\ g & h \end{bmatrix} \right\rangle = ae + 2bf + 3cg + dh$$

Dadas as matrizes $A = \begin{bmatrix} 2 & 1 \\ -1 & 3 \end{bmatrix}$, $B = \begin{bmatrix} 1 & 2 \\ 4 & 0 \end{bmatrix}$, $C = \begin{bmatrix} 1 & 1 \\ 1 & 1 \end{bmatrix}$, $D = \begin{bmatrix} 0 & 0 \\ 0 & 0 \end{bmatrix}$, $E = \begin{bmatrix} 3 & 2 \\ -1 & 3 \end{bmatrix}$. Assinale a alternativa correta.

**a.** A norma de C é 7.
**b.** A norma de A é 14.
**c.** As matrizes C e A são ortogonais.
**d.** As matrizes B, D e E são ortogonais a matriz A.

## Atividades de aprendizagem

### Questões para reflexão

1) Considere o espaço vetorial $\mathbb{R}^3$ com o produto interno canônico e o conjunto $X = \{(x, y, z) \in \mathbb{R}^3 / x - y - z = 0\}$. Encontre uma base para $X$ e uma para $X^\perp$. Dê exemplos de vetores pertencentes a $X^\perp$.

2) Considerando o espaço vetorial $\mathcal{P}_3$, dos polinômios de ordem menor ou igual a 3, definimos o produto interno entre $p = a_0 + a_1 x + a_2 x^2 + a_3 x^3$ e $q = b_0 + b_1 x + b_2 x^2 + b_3 x^3$ como $\langle p, q \rangle = a_0 b_0 + a_1 b_1 + a_2 b_2 + a_3 b_3$.

Dê exemplos de dois vetores de $\mathcal{P}_3$ ortogonais. Calcule a norma de $p = 1 - 2x + x^2 - 3x^3$.

### Atividades aplicadas: prática

1) Pesquise e dê exemplos de produtos internos diferentes do produto interno canônico.

2) Pesquise sobre o que representa bases ortonormais. Utilize exemplos comparando-as com outras bases. Qual é a importância de obter bases ortonormais?

Neste capítulo vamos descobrir alguns vetores especiais quando aplicados a uma transformação linear, chamados de *autovetores*, e junto com eles veremos os autovalores. Também vamos estudar uma transformação linear especial, a qual é chamada de *operador linear*. Veremos as propriedades relacionadas a ela, além de alguns tipos especiais de operadores. Vamos utilizar os diversos conceitos aprendidos no decorrer do livro, como matrizes, determinantes, operador linear e transformação linear.

# 5
# Desvendando operadores

## 5.1 Operadores lineares

Vamos rever a definição de operadores lineares. A transformação linear do tipo $T: V \to V$ é chamada de *operador linear*.

Um subespaço vetorial $U \subset V$ é invariante pelo operador linear $T: V \to V$, se T leva todo elemento de U em um elemento ainda de U. Assim, temos T em um subespaço de dimensão menor do que a dimensão de V, consequentemente, trata-se de um espaço mais fácil de ser trabalhado. Em outras palavras, um espaço vetorial $U \subset V$ é invariante pelo operador linear $T: V \to V$ se a imagem $T(u)$ de qualquer vetor $u \in U$ é um elemento de $U$, ou seja, $T(U) \subset V$. Vamos ver os vetores que são levados por T em seus múltiplos na seção a seguir.

### 5.1.1 Autovalores e autovetores

Seja $T: V \to V$ um operador linear, chamaremos um vetor $v \in V$ não nulo de *autovetor do operador* T, quando existir um número real $\lambda$ tal que $T(v) = \lambda v$, e chamaremos de *autovalor* o número $\lambda$. Ou seja, o autovetor é levado, pelo operador linear, a um múltiplo dele. Dizemos que v é o autovetor associado ao autovalor $\lambda$ e também que $\lambda$ é o autovalor associado ao autovetor v. Observe que, para todo $w = \alpha v$, temos $T(w) = T(\alpha v) = \alpha T(v) = \alpha \lambda v = \lambda(\alpha v) = \lambda w$; logo, w também é um autovetor associado ao autovalor $\lambda$.

Agora, vamos trabalhar com as matrizes. Dada a transformação linear $T: \mathbb{R}^n \to \mathbb{R}^n$ e a matriz A associada a essa transformação, então um autovalor $\lambda \in \mathbb{R}$ e um autovetor $v \in \mathbb{R}^n$, v não nulo, associados à matriz A são tais que $T(v) = Av = \lambda v$. Podemos considerar o vetor v como uma matriz coluna com n linhas.

> **Preste atenção!**
> Estamos falando de autovetores e autovalores para transformações lineares $T: V \to V$, que são operadores lineares.

## 5.1.2 Polinômio característico

Vamos estudar um método para encontrar os autovetores e os autovalores de uma transformação linear $T: V \to V$. Já vimos que podemos associar uma matriz A à transformação T, então se v é um autovetor de T, existe um número real $\lambda$, de modo que $T(v) = \lambda v$.

Usando a matriz A e o vetor v como a matriz coluna, podemos reescrever da seguinte maneira:

$$Av = \lambda v$$

Sendo I a matriz identidade, podemos escrever do seguinte modo:

$$Av = \lambda I v$$
$$Av - \lambda I v = 0$$
$$(A - \lambda I)v = 0$$

Para termos uma solução diferente da nula, então $\det(A - \lambda I) = 0$. O $\det(A - \lambda I)$ é um polinômio chamado polinômio característico de T; as raízes $\lambda$ do polinômio característico de T são os autovalores.

### Exemplo 5.1

Seja $T: \mathbb{R}^2 \to \mathbb{R}^2$ uma transformação linear definida por $T(x,y) = (y,0)$, vamos encontrar os autovalores e autovetores de T.

A matriz de T é $\begin{bmatrix} 0 & 1 \\ 0 & 0 \end{bmatrix}$. O polinômio característico é $\det(A - \lambda I) = \det\begin{vmatrix} -\lambda & 1 \\ 0 & -\lambda \end{vmatrix} = \lambda^2$, a raiz de $\lambda^2 = 0$ é $\lambda = 0$, que é um autovalor. O autovetor associado ao autovalor $\lambda = 0$, compreende todos os $(x,y)$ tais que $T(x,y) = (0,0)$, ou seja, $T(x,y) = (y,0) = (0,0)$. Então, os autovetores são da forma $(x,0)$ para qualquer x. O vetor (1,0), por exemplo, é um autovetor.

### Exemplo 5.2

Considere $T: \mathbb{R}^2 \to \mathbb{R}^2$ uma transformação linear definida por $T(x,y) = (2x + y, 3x + 4y)$. Vamos encontrar os autovalores e os autovetores de T.

Para encontrar a matriz de T, calculamos $T(1,0) = (2,3)$ e $T(0,1) = (1,4)$. Logo, a matriz de T é a seguinte:

$$A = [T] = \begin{bmatrix} 2 & 1 \\ 3 & 4 \end{bmatrix}$$

$$\det(A - \lambda I) = \begin{vmatrix} 2 - \lambda & 1 \\ 3 & 4 - \lambda \end{vmatrix} = \lambda^2 - 6\lambda + 5$$

As raízes são $\lambda_1 = 1$ e $\lambda_2 = 5$ são os autovalores. Para encontrar os autovetores, vamos substituir os autovalores na equação $\begin{bmatrix} 2 & 1 \\ 3 & 4 \end{bmatrix} \begin{bmatrix} x \\ y \end{bmatrix} = \lambda \begin{bmatrix} x \\ y \end{bmatrix}$ e resolvê-la.

Para $\lambda_1 = 1$, $\begin{bmatrix} 2 & 1 \\ 3 & 4 \end{bmatrix} \begin{bmatrix} x \\ y \end{bmatrix} = 1 \begin{bmatrix} x \\ y \end{bmatrix}$, temos $\begin{cases} 2x + y = x \\ 3x + 4y = y \end{cases}$, da primeira equação do sistema, temos que $y = -x$ e a segunda equação é sempre válida; as soluções são do tipo $(x, -x)$. Portanto, os autovetores são do tipo $(x, -x)$; um exemplo é o vetor $(10, -10)$.

Para $\lambda_2 = 5$, $\begin{bmatrix} 2 & 1 \\ 3 & 4 \end{bmatrix} \begin{bmatrix} x \\ y \end{bmatrix} = 5 \begin{bmatrix} x \\ y \end{bmatrix}$, temos $\begin{cases} 2x + y = 5x \\ 3x + 4y = 5y \end{cases}$, da primeira equação do sistema, temos que $y = 3x$ e a segunda equação é sempre válida; as soluções são do tipo $(x, 3x)$. Portanto, os autovetores são do tipo $(x, 3x)$; um exemplo é o vetor $(4, 12)$.

### Teorema
Considere um operador linear $T: V \to V$. Autovalores distintos de T correspondem a autovetores linearmente independentes.

**Demonstração**

Vamos demonstrar por indução. Considere os autovalores distintos $\lambda_1, \lambda_2, \lambda_3, \ldots, \lambda_n$ e seus respectivos autovetores $v_1, v_2, v_3, \ldots, v_n$, ou seja, $T(v_1) = \lambda_1 v_1$, $T(v_2) = \lambda_2 v_2, \ldots T(v_n) = \lambda_n v_n$. Para $n = 1$, temos apenas $\lambda_1$ e $v_1 \neq 0$, então $\{v_1\}$ é LI. Supondo que a afirmação seja válida para $n-1$, ou seja, que $\{v_1, v_2, \ldots, v_{n-1}\}$ é LI, vamos mostrar que o conjunto $\{v_1, v_2, v_3, \ldots, v_n\}$ é LI:

$$\alpha_1 v_1 + \alpha_2 v_2 + \ldots + \alpha_{n-1} v_{n-1} + \alpha_n v_n = 0 \quad (1)$$

Vamos aplicar a transformação T em ambos os lados da equação apresentada:

$$\alpha_1 T(v_1) + \alpha_2 T(v_2) + \ldots + \alpha_{n-1} T(v_{n-1}) + \alpha_n T(v_n) = 0$$

$$\alpha_1 \lambda_1 v_1 + \alpha_2 \lambda_2 v_2 + \ldots + \alpha_{n-1} \lambda_{n-1} v_{n-1} + \alpha_n \lambda_n v_n = 0 \quad (2)$$

Multiplicando a equação (1) por $\lambda_n$, temos:

$$\lambda_n \alpha_1 v_1 + \lambda_n \alpha_2 v_2 + \ldots + \lambda_n \alpha_{n-1} v_{n-1} + \lambda_n \alpha_n v_n = 0 \quad (3)$$

Fazendo (2) – (3), obtemos:

$$(\lambda_1 - \lambda_n) \alpha_1 v_1 + (\lambda_2 - \lambda_n) \alpha_2 v_2 + \ldots + (\lambda_{n-1} - \lambda_n) \alpha_{n-1} v_{n-1} = 0$$

A equação obtida é o vetor nulo escrito como uma combinação linear dos vetores $\{v_1, v_2, \ldots, v_{n-1}\}$ e que é LI, portanto, $(\lambda_1 - \lambda_n)\alpha_1 = (\lambda_2 - \lambda_n)\alpha_2 = \ldots = +\ldots + (\lambda_{n-1} - \lambda_n)\alpha_{n-1} = 0$. Mas, do fato de os escalares $\lambda_1, \lambda_2, \lambda_3, \ldots, \lambda_n$ serem autovalores distintos, $(\lambda_1 - \lambda_n) \neq 0, (\lambda_2 - \lambda_n) \neq 0, \ldots, (\lambda_{n-1} - \lambda_n) \neq 0$, então $\alpha_1 = \alpha_2 = \ldots = \alpha_{n-1} = 0$. Substituindo as igualdades anteriores na equação (1), resta $\alpha_n v_n = 0$. Como $v_n \neq 0$, logo, $\alpha_n = 0$. Assim, temos na equação (1) que os escalares são todos nulos, desse modo, concluímos que o conjunto de autovetores $\{v_1, v_2, \ldots, v_n\}$ é LI, e em decorrência desse fato, se a dim $V = n$ e o operador linear $T: V \to V$ tem n autovalores distintos, então existe uma base $B = \{v_1, v_2, \ldots, v_n\}$ de V, de modo que a matriz de T em relação a base B é uma matriz diagonal.

**Exercício resolvido**

Considere $T: \mathbb{R}^2 \to \mathbb{R}^2$, definido por $T(x,y) = (-3x + 4y, -x + 2y)$. Encontre uma base de autovetores e escreva a matriz de T em relação a essa base.

**Resolução**

Em relação à base canônica, a matriz de T é a seguinte:

$$A = \begin{bmatrix} -3 & 4 \\ -1 & 2 \end{bmatrix}$$

Para encontrar os os autovalores, temos que calcular o seguinte determinante:

$$\det(A - \lambda I) = \begin{vmatrix} -3-\lambda & 4 \\ -1 & 2-\lambda \end{vmatrix} = 0$$

Obtemos o polinômio $\lambda^2 - \lambda - 2 = 0$, que tem raízes e autovalores, $\lambda_1 = 1$ e $\lambda = -2$, respectivamente. Como esses autovalores são distintos, então os autovetores associados a eles formaram uma base de autovetores.

$$\begin{bmatrix} -3 & 4 \\ -1 & 2 \end{bmatrix} \begin{bmatrix} x \\ y \end{bmatrix} = 1 \begin{bmatrix} x \\ y \end{bmatrix}$$

Desse modo, o autovetor associado a $\lambda_1 = 1$ é $(1,1)$ e da seguinte igualdade $\begin{bmatrix} -3 & 4 \\ -1 & 2 \end{bmatrix} \begin{bmatrix} x \\ y \end{bmatrix} = -2 \begin{bmatrix} x \\ y \end{bmatrix}$, temos que autovetor associado a $\lambda_2 = -2$ é $(4,1)$. A base de autovetores é $\{(1,1), (4,1)\}$. Agora vamos encontrar a matriz $A_1$ de T relativa à base de autovetores.

$$T(1,1) = (1,1) = 1(1,1) + 0(4,1)$$
$$T(4,1) = (-8,-2) = 0(1,1) - 2(4,1)$$

Então, temos a seguinte matriz:

$$A_1 = \begin{bmatrix} 1 & 0 \\ 0 & -2 \end{bmatrix}$$

Observe que $A_1$ é uma matriz diagonal.

Dizemos que o operador linear $T: V \to V$ é diagonalizável se existe uma base de V cujos elementos são autovetores.

No primeiro exercício resolvido deste capítulo, temos que T é diagonalizável.

## 5.2 Operadores lineares especiais

Nesta seção, serão apresentados dois operadores especiais: os operadores autoadjuntos e os operadores ortogonais. Você verá as definições, os exemplos e as propriedades relacionadas a cada um deles.

### 5.2.1 Operadores autoadjuntos

Considere uma transformação linear $T: U \to V$. A adjunta de T é uma transformação linear $T^*: V \to U$, de modo que, para $u \in U$ e $v \in V$, temos: $\langle T(u), v \rangle = \langle u, T^*(v) \rangle$.

Chamamos um operador linear $T: V \to V$, em um espaço vetorial munido de um produto interno, de *autoadjunto* quando $T = T^*$, ou seja, $\langle T(u), v \rangle = \langle u, T(v) \rangle$.

**Exercício resolvido**

Seja $T: \mathbb{R}^2 \to \mathbb{R}^2$ um operador linear definido por $T(x,y) = (2x, y)$, e considere o produto interno canônico em $\mathbb{R}^2$; mostre que ele é autoadjunto.

**Resolução**

De fato, sejam $u = (x, y)$ e $v = (x_1, y_1)$ vetores de $\mathbb{R}^2$:

$$\langle T(u), v \rangle = \langle T(x,y), (x_1, y_1) \rangle = \langle (2x, y), (x_1, y_1) \rangle = 2xx_1 + yy_1$$

$$\langle u, T(v) \rangle = \langle (x,y), T(x_1, y_1) \rangle = \langle (x,y), (2x_1, y_1) \rangle = 2xx_1 + yy_1$$

Portanto:

$$\langle T(u), v \rangle = \langle u, T(v) \rangle$$

Se uma transformação T é autoadjunta, então a matriz de T em relação a uma base ortonormal é uma **matriz simétrica**.

## Exercício resolvido

Dada a transformação linear $T: \mathbb{R}^3 \to \mathbb{R}^3$, considerando $T(x,y,z) = (2x-z, y+2z, -x+2y+3z)$
$T(x,y,z) = (2x-z, y+2z, -x+2y+3z)$, mostre que T é um operador autoadjunto.

**Resolução**

Vamos encontrar a matriz de T; para isso, calculamos $T(1,0,0) = (2,0,-1)$, $T(0,1,0) = (0,1,2)$ e $T(0,0,1) = (-1,2,3)$. Logo, a matriz de T é:

$$[T] = \begin{bmatrix} 2 & 0 & -1 \\ 0 & 1 & 2 \\ -1 & 2 & 3 \end{bmatrix}$$

É uma matriz simétrica, podemos concluir que T é um operador autoadjunto.

## Teorema

Se T é um operador autoadjunto e $\lambda_1$ e $\lambda_2$ são autovalores distintos de T e $v_1$ e $v_2$ são autovetores associados aos autovalores $\lambda_1$ e $\lambda_2$, respectivamente, então $v_1$ e $v_2$ são ortogonais.

**Demonstração**

De fato, se temos $\lambda_1$ e $\lambda_2$ que são autovalores distintos de T e $v_1$ e $v_2$ que autovetores associados aos autovalores, como T é autoadjunto, temos: $\langle T(v_1), v_2 \rangle = \langle v_1, T(v_2) \rangle$.

Como $\lambda_1$ e $\lambda_2$ são autovalores associados a $v_1$ e $v_2$, respectivamente, então:

$$T(v_1) = \lambda_1 v_1$$

$$T(v_2) = \lambda_2 v_2$$

Substituindo os dados em:

$$\langle T(v_1), v_2 \rangle = \langle v_1, T(v_2) \rangle$$

Temos:

$$\langle T(v_1), v_2 \rangle = \langle v_1, T(v_2) \rangle$$
$$\langle \lambda_1 v_1, v_2 \rangle = \langle v_1, \lambda_2 v_2 \rangle$$
$$\lambda_1 \langle v_1, v_2 \rangle = \lambda_2 \langle v_1, v_2 \rangle$$

Como $\lambda_1$ e $\lambda_2$ são distintos, então a igualdade só é verdadeira $\langle v_1, v_2 \rangle = \langle v_2, v_1 \rangle = 0$, ou seja, $v_1$ e $v_2$ são ortogonais.

## Exercício resolvido

Considere a transformação linear $T: \mathbb{R}^3 \to \mathbb{R}^3$, $T(x,y,z) = (-x, 5y+2z, 2y+5z)$. Mostre que T é um operador autoadjunto. Apresente uma base ortonormal de autovetores de T.

### Resolução

Encontrando a matriz de T na base canônica, temos: $T(1,0,0) = (-1,0,0)$, $T(0,1,0) = (0,5,2)$ e $T(0,0,1) = (0,2,5)$.

A matriz da transformação é $[T] = \begin{bmatrix} -1 & 0 & 0 \\ 0 & 5 & 2 \\ 0 & 2 & 5 \end{bmatrix}$. Como se trata de uma matriz simétrica, então T é um operador autoadjunto. Conforme o teorema anterior, existe uma base ortonormal de autovetores de T. Vamos encontrar essa base.

O determinante da matriz para encontrar os autovalores é o seguinte:

$$\begin{vmatrix} -1-\lambda & 0 & 0 \\ 0 & 5-\lambda & 2 \\ 0 & 2 & 5-\lambda \end{vmatrix} = -\lambda^3 + 9\lambda^2 - 11\lambda - 21 = 0$$

Resolvendo a equação obtida com o determinante, obtemos $\lambda_1 = -1$, $\lambda_2 = 3$ e $\lambda_3 = 7$. Os autovetores associados aos autovalores são os seguintes:

- Para $\lambda_1 = -1$: $\begin{bmatrix} -1 & 0 & 0 \\ 0 & 5 & 2 \\ 0 & 2 & 5 \end{bmatrix} \begin{bmatrix} x \\ y \\ z \end{bmatrix} = -1 \begin{bmatrix} x \\ y \\ z \end{bmatrix}$; temos o autovetor (1,0,0).

- Para $\lambda_2 = 3$: $\begin{bmatrix} -1 & 0 & 0 \\ 0 & 5 & 2 \\ 0 & 2 & 5 \end{bmatrix} \begin{bmatrix} x \\ y \\ z \end{bmatrix} = 3 \begin{bmatrix} x \\ y \\ z \end{bmatrix}$; temos o autovetor (0,–1,1).

- Para $\lambda_3 = 7$: $\begin{bmatrix} -1 & 0 & 0 \\ 0 & 5 & 2 \\ 0 & 2 & 5 \end{bmatrix} \begin{bmatrix} x \\ y \\ z \end{bmatrix} = 7 \begin{bmatrix} x \\ y \\ z \end{bmatrix}$; temos o autovetor (0,1,1).

O conjunto dos autovetores {(1,0,0), (0, –1,1), (0,1,1)} é uma base ortogonal. Agora, vamos encontrar uma base ortonormal:

$$\frac{(1,0,0)}{\|(1,0,0)\|} = (1,0,0), \quad \frac{(0,-1,1)}{\|(0,-1,1)\|} = \left(0, -\frac{1}{\sqrt{2}}, \frac{1}{\sqrt{2}}\right), \quad \frac{(0,1,1)}{\|(0,1,1)\|} = \left(0, \frac{1}{\sqrt{2}}, \frac{1}{\sqrt{2}}\right)$$

A base ortonormal de autovetores é $\left\{(1,0,0), \left(0, -\frac{1}{\sqrt{2}}, \frac{1}{\sqrt{2}}\right), \left(0, \frac{1}{\sqrt{2}}, \frac{1}{\sqrt{2}}\right)\right\}$.

## 5.2.2 Operadores ortogonais

Vamos definir uma matriz ortogonal. Seja A uma matriz quadrada, se $AA^t = A^tA = I$, então A é uma matriz ortogonal.

### Exemplo 5.3

Considere a seguinte matriz de rotação no espaço $\mathbb{R}^2$:

$$A = \begin{bmatrix} \cos(\theta) & -\sen(\theta) \\ \sen(\theta) & \cos(\theta) \end{bmatrix}$$

Temos que:

$$AA^t = \begin{bmatrix} \cos(\theta) & -\sen(\theta) \\ \sen(\theta) & \cos(\theta) \end{bmatrix} \begin{bmatrix} \cos(\theta) & \sen(\theta) \\ -\sen(\theta) & \cos(\theta) \end{bmatrix} = \begin{bmatrix} 1 & 0 \\ 0 & 1 \end{bmatrix}$$

$$A^tA = \begin{bmatrix} \cos(\theta) & \sen(\theta) \\ -\sen(\theta) & \cos(\theta) \end{bmatrix} \begin{bmatrix} \cos(\theta) & -\sen(\theta) \\ \sen(\theta) & \cos(\theta) \end{bmatrix} = \begin{bmatrix} 1 & 0 \\ 0 & 1 \end{bmatrix}$$

Então, A é uma matriz ortogonal.

Em uma matriz ortogonal, as linhas da matriz, ou suas colunas, são vetores ortonormais. Seja um operador linear $T: V \to V$, e V munido de um produto interno, sendo B uma base, então, dizemos que T é um **operador ortogonal** se a matriz de T em relação à base B for uma matriz ortogonal. No Exemplo 5.3, temos um operador ortogonal.

> **Teorema**
>
> Considere os espaços vetoriais de dimensão finita, V e U, e munidos de produto interno. As afirmações a seguir sobre a transformação linear $T: V \to U$ são equivalentes:

- T preserva norma, ou seja, $\|T(v)\| = \|v\|$ para todo $v \in V$.
- T preserva o produto interno, ou seja, $\langle T(v_1), T(v_2) \rangle = \langle v_1, v_2 \rangle$.

    $T^*T = I_V$
- A matriz de T, em qualquer par de bases ortonormais, é uma matriz ortogonal.
- T transforma toda base ortonormal $\beta \subset V$ em um conjunto ortonormal $\alpha \subset U$.

Uma transformação linear $T: V \to U$ é ortogonal se satisfizer um dos itens que foram apresentados. Do mesmo modo que um operador linear é ortogonal quando satisfaz as condições do último teorema apresentado, podemos também concluir que $T^* = T^{-1}$, ou seja, $T^*T = I$ ou $TT^* = I$.

Considere o operador linear ortogonal $T:V \to V$; então T preserva a norma, ou seja, $\|T(v)\| = \|v\|$ para todo $v \in V$. Observe que, a respeito dos autovalores e autovetores de T, $T(v) = \lambda v$, temos $\|T(v)\| = \|\lambda v\| = |\lambda|\|v\|$, mas $\|T(v)\| = \|v\|$, então $|\lambda| = 1$, ou seja, os autovalores são $\lambda_1 = 1$ e $\lambda_2 = -1$. Sejam os autovetores $v_1$ e $v_2$ correspondentes aos autovalores $\lambda_1$ e $\lambda_2$, respectivamente, então $T(v_1) = v_1$ e $T(v_2) = -v_2$. Como T preserva produto interno, temos $\langle T(v_1), T(v_2) \rangle = \langle v_1, v_2 \rangle$, e das igualdades anteriores, dos autovetores, temos $\langle T(v_1), T(v_2) \rangle = \langle v_1, -v_2 \rangle$. Assim, $\langle v_1, v_2 \rangle = \langle T(v_1), T(v_2) \rangle = \langle v_1, -v_2 \rangle = -\langle v_1, v_2 \rangle$, dessa maneira, a igualdade $\langle v_1, v_2 \rangle = -\langle v_1, v_2 \rangle$ resulta em $\langle v_1, v_2 \rangle = 0$.

## Exemplo 5.4

Vimos que a matriz de rotação do $\mathbb{R}^2$ é ortogonal, logo, ela é um operador ortogonal. Do último teorema apresentado, temos que o operador preserva a norma (tamanho) e produto interno e leva base em um conjunto ortogonal. Dessa maneira, temos que fazer uma rotação, mantendo o tamanho e os ângulos, ou seja, se fizermos uma rotação em torno da origem de uma figura, está preservará seu tamanho e não deformará, só estará em outra posição no espaço.

### Síntese

Neste capítulo, você conheceu a relação entre autovetores e autovalores, como encontrá-los por meio de matrizes. Aprendeu sobre um tipo especial de transformação linear, os operadores lineares, e casos em que esses operadores são do tipo autoadjunto e ortogonal, além da relação deles com as matrizes simétricas e transpostas.

## Atividades de autoavaliação

1) Analise as afirmações a seguir e indique se são verdadeiras (V) ou falsas (F):

   ( ) Considere o operador linear $T:\mathbb{R}^3 \to \mathbb{R}^3$, definido por
   $T(x,y,z) = (2x+y, x+y+z, y-3z)$, e com o produto interno canônico. T é autoadjunta, mas não é ortogonal.

   ( ) Os autovalores da matriz $\begin{bmatrix} 1 & 0 & 0 \\ 0 & 2 & 3 \\ 0 & 3 & 2 \end{bmatrix}$ são $\lambda_1 = 1$, $\lambda_2 = 5$ e $\lambda_3 = -1$.

   ( ) Considere o operador linear $T:\mathbb{R}^2 \to \mathbb{R}^2$, dado por $T(x,y) = (-3x+4y, 2y-x)$. Os vetores $(1,4)$ e $(1,2)$ são autovetores de T.

   ( ) $v = \begin{bmatrix} 1 \\ 4 \end{bmatrix}$ é um autovetor de $\begin{bmatrix} -3 & 1 \\ -3 & 8 \end{bmatrix}$.

Assinale a alternativa que corresponde à sequência correta:
a. V, F, F, V.
b. V, V, F, F.
c. F, V, V, F.
d. F, F, F, V.

2) Analise as afirmações a seguir e indique se são verdadeiras (V) ou falsas (F):
( ) Considere o operador linear $T : \mathbb{R}^3 \to \mathbb{R}^3$, definido por $T(x,y,z) = (-x - 2y + 2z, y, z)$. Os autovalores de T são –1 e 1.
( ) Considere o operador linear $T : \mathbb{R}^2 \to \mathbb{R}^2$, definido por $T(x,y) = (2x - 2y, -2x + 5y)$. T não é autoadjunto.
( ) Se $A, B : V \to V$ são operadores autoadjuntos, então $AB + BA$ é também um operador autoadjunto.
( ) Se $A, B : V \to V$ são operadores autoadjuntos, então $AB - BA$ é também um operador autoadjunto.

Assinale a alternativa que corresponde à sequência correta:
a. V, F, V, V.
b. F, V, V, F.
c. V, F, V, F.
d. F, V, V, V.

3) Analise as afirmações a seguir e indique se são verdadeiras (V) ou falsas (F):
( ) Se A é um operador autoadjunto e B é inversível, então $B^{-1}AB$ é autoadjunto.
( ) Sejam $\lambda_1, \lambda_2$ autovalores, distintos e diferentes de zero, de $T : \mathbb{R}^2 \to \mathbb{R}^2$, se $T(v_1)$ e $T(v_2)$ são LI, então os $v_1$ e $v_2$ são autovetores.
( ) Se $\lambda = 0$ é um autovalor de T, então T não é injetora.
( ) Se $T = \begin{bmatrix} -2 & 0 & 0 \\ 0 & 6 & 1 \\ 0 & 1 & 6 \end{bmatrix}$, T é autoadjunto.

Assinale a alternativa que corresponde à sequência obtida:
a. F, V, V, V.
b. V, F, V, V.
c. F, V, F, F.
d. V, F, F, F.

4) Analise as afirmações a seguir e indique se são verdadeiras (V) ou falsas (F):

( ) Se uma matriz A é autoadjunta, então $A^2 = I$.

( ) O operador linear $T : \mathbb{R}^2 \to \mathbb{R}^2$, dado por $T(x,y) = (-y,-x)$, é ortogonal.

( ) A matriz $\begin{bmatrix} 1 & 0 & -1 \\ 1 & 1 & 0 \\ -1 & 1 & 0 \end{bmatrix}$ é ortogonal.

( ) Se A e B são ortogonais, então AB também é ortogonal.

Assinale a alternativa que corresponde à sequência correta:

a. V, V, V, F.
b. F, V, F, F.
c. F, F, V, V.
d. V, V, F, V.

5) Considere os seguintes operadores lineares, em seguida, assinale a alternativa que apresenta a afirmação correta:

$T_1 : \mathbb{R}^3 \to \mathbb{R}^3$, definido por $T_1(x,y,z) = (z,x,-y)$.

$T_2 : \mathbb{R}^3 \to \mathbb{R}^3$, definido por $T_2(x,y,z) = (x,y,z)$.

$T_3 : \mathbb{R}^3 \to \mathbb{R}^3$, definido por $T_3(x,y,z) = (x,0,0)$.

$T_4 : \mathbb{R}^2 \to \mathbb{R}^2$, definido por $T_4(x,y) = (x+y, x-y)$.

a. Os operadores $T_2$ e $T_3$ são ortogonais.
b. Os operadores $T_1$ e $T_2$ são ortogonais.
c. Os operadores $T_1, T_2$ e $T_4$ são ortogonais.
d. Os operadores $T_1$ e $T_3$ são ortogonais.

## Atividades de aprendizagem

### Questões para reflexão

**1)** Considere $T : U \to V$ uma transformação linear e $U, V$ como espaços vetoriais de dimensão finita munidos de um produto interno. Mostre que as seguintes afirmações são equivalentes:
   **a.** T preserva norma, ou seja, $\|T(u)\| = \|u\|$ para todo $u$ pertencente a $U$.
   **b.** T preserva produto interno: $\langle T(u_1), T(u_2) \rangle = \langle u_1, u_2 \rangle$ para quaisquer $u_1, u_2$ elementos de $U$.
   **c.** $T^*T = I_U$.
   **d.** A matriz de T relativa a qualquer par de bases ortonormais, $B_1 \subset U$, $B_2 \subset V$, é uma matriz ortogonal.

**2)** Se $T^*T = -T$, prove que os autovalores de T pertencem ao conjunto $\{0, -1\}$. Dê um exemplo de uma matriz quadrada $A = [a_{ij}]$ de ordem 2, de modo que $a_{11} = -\frac{1}{3}$ e $A^t A = -A$.

### Atividade aplicada: prática

**1)** Faça um quadro comparativo dos operadores estudados.

**2)** Pesquise aplicações de autovalores e autovetores e dê exemplos. Faça uma entrevista com engenheiros sobre o assunto.

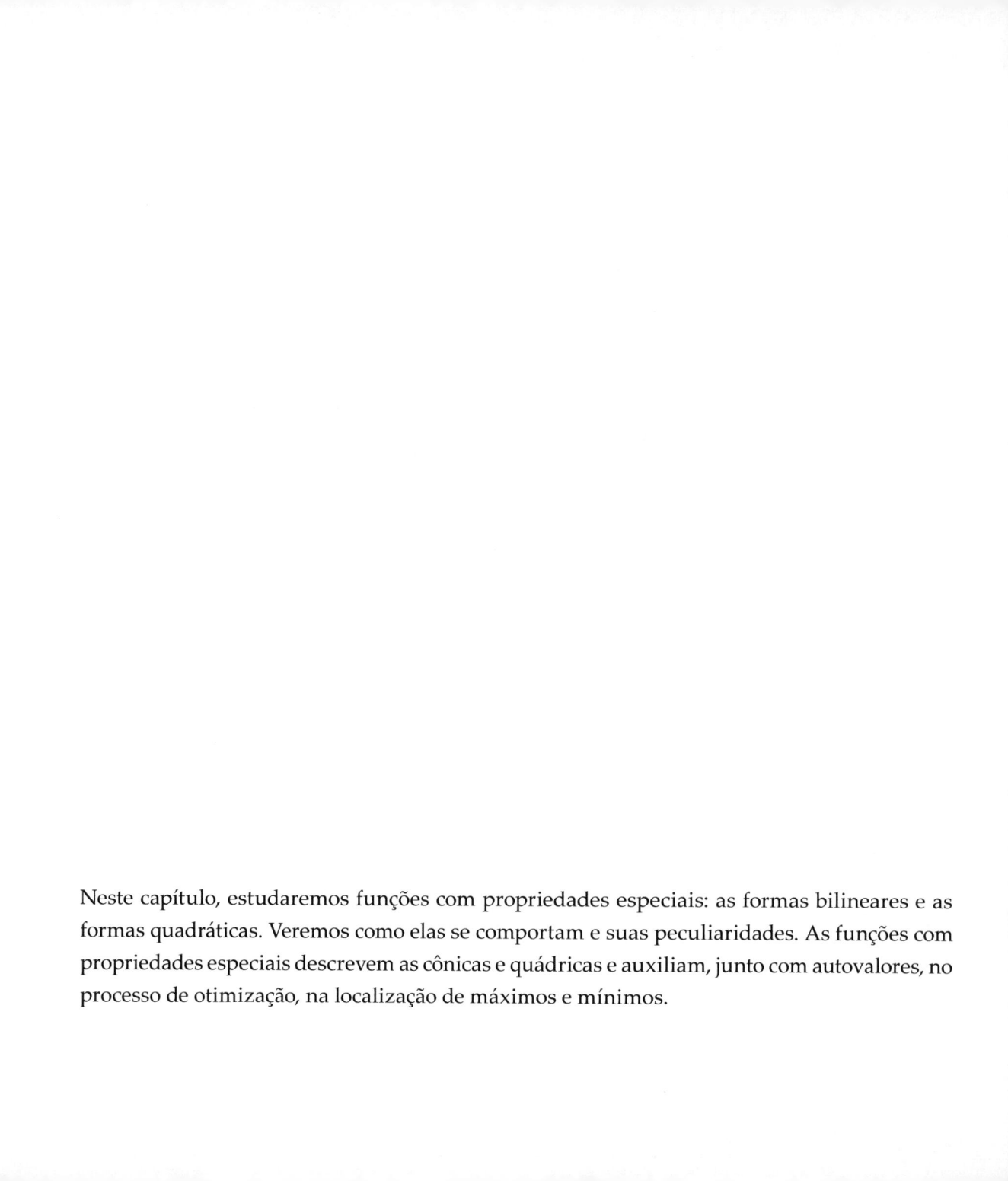

Neste capítulo, estudaremos funções com propriedades especiais: as formas bilineares e as formas quadráticas. Veremos como elas se comportam e suas peculiaridades. As funções com propriedades especiais descrevem as cônicas e quádricas e auxiliam, junto com autovalores, no processo de otimização, na localização de máximos e mínimos.

# 6
# O encanto das formas quadráticas

## 6.1 Formas bilineares

Para chegarmos às formas quadráticas, vamos antes conhecer uma forma bilinear.

Considere os espaços vetoriais U e V. Uma função $B: U \times V \to \mathbb{R}$ é uma forma bilinear se for linear em cada uma das duas variáveis, ou seja, para quaisquer $u, u_1, u_2 \in U$ e $v, v_1, v_2 \in V$, temos:

$$B(u_1 + u_2, v) = B(u_1, v) + B(u_2, v) \quad B(\alpha u, v) = \alpha B(u, v)$$

$$B(u, v_1 + v_2) = B(u, v_1) + B(u, v_2) \quad B(u, \alpha v) = \alpha B(u, v)$$

### Exemplo 6.1

A função produto de números reais, definida $B: \mathbb{R} \times \mathbb{R} \to \mathbb{R}$, associa o par de números reais (x,y) ao número real xy, ou seja, $B(x, y) = xy$.

De fato, a forma é bilinear, pois:

$$B(x_1 + x_2, y) = (x_1 + x_2)y = x_1 y + x_2 y = B(x_1, y) + B(x_2, y)$$

$$B(\alpha x, y) = (\alpha x)y = \alpha(xy) = \alpha B(x, y)$$

$$B(x, y_1 + y_2) = x(y_1 + y_2) = xy_1 + xy_2 = B(x, y_1) + B(x, y_2)$$

$$B(x, \alpha y) = x(\alpha y) = \alpha(xy) = \alpha B(x, y)$$

### Exemplo 6.2

A função definida por $B: \mathbb{R} \times \mathbb{R}^2 \to \mathbb{R}$, considerando que $B((x_1, y_1), (x_2, y_2)) = x_1 x_2 + y_1 y_2$, é uma forma bilinear, pois, sejam $(x_1, y_1), (x_2, y_2)$ e $(x, y)$ elementos de $\mathbb{R}^2$, temos:

$$B((x_1, y_1) + (x_2, y_2), (x, y)) = B((x_1 + x_2, y_1 + y_2), (x, y)) =$$

$$(x_1 + x_2)x + (y_1 + y_2)y = x_1 x + x_2 x + y_1 y + y_2 y = B((x_1, y_1), (x, y)) + B((x_2, y_2), (x, y))$$

$$B(\alpha(x_1,y_1),(x,y)) = B((\alpha x_1,\alpha y_1),(x,y)) = \alpha x_1 x + \alpha y_1 y = \alpha(x_1 x + y_1 y) = \alpha B((x_1,y_1),(x,y))$$

$$B((x,y),(x_1,y_1)+(x_2,y_2)) = B((x,y),(x_1+x_2,y_1+y_2)) =$$

$$x(x_1+x_2)+y(y_1+y_2) = xx_1 + xx_2 + yy_1 + yy_2 = B((x,y),(x_1,y_1)) + B((x,y),(x_2,y_2))$$

$$B((x,y),\alpha(x_1,y_1)) = B((x,y),(\alpha x_1,\alpha y_1)) = x\alpha x_1 + y\alpha y_1 = \alpha(xx_1 + yy_1) = \alpha B((x,y),(x_1,y_1))$$

Agora, relacionaremos as formas bilineares com matrizes. Para isso, sejam as bases $\mathcal{B}_1 = \{u_1, u_2, \ldots, u_m\}$ e $\mathcal{B}_2 = \{v_1, v_2, \ldots, v_n\}$ de $U$ e $V$, respectivamente, a matriz da forma bilinear $B: U \times V \to \mathbb{R}$ relativa às bases $\mathcal{B}_1$ e $\mathcal{B}_2$ é $[B] = [b_{ij}]_{m \times n}$, de modo que $b_{ij} = B(u_i, v_j)$.

$$[B] = \begin{bmatrix} B(u_1,v_1) & B(u_1,v_2) & \ldots & B(u_1,v_n) \\ B(u_2,v_1) & B(u_2,v_2) & \ldots & B(u_2,v_n) \\ \vdots & \vdots & \ddots & \vdots \\ B(u_m,v_1) & B(u_m,v_2) & \ldots & B(u_m,v_n) \end{bmatrix}$$

Sendo $u$ em $U$ e $v$ em $V$, com $u = x_1 u_1 + x_2 u_2 + x_3 u_3 + \ldots + x_m u_m$ e $v = y_1 v_1 + y_2 v_2 + \ldots + y_n v_n$, temos:

$$B(u,v) = \begin{bmatrix} x_1 & x_2 & \ldots x_m \end{bmatrix} \begin{bmatrix} B(u_1,v_1) & B(u_1,v_2) & \ldots & B(u_1,v_n) \\ B(u_2,v_1) & B(u_2,v_2) & \ldots & B(u_2,v_n) \\ \vdots & \vdots & \ddots & \vdots \\ B(u_m,v_1) & B(u_m,v_2) & \ldots & B(u_m,v_n) \end{bmatrix} \begin{bmatrix} y_1 \\ y_2 \\ \vdots \\ y_n \end{bmatrix}$$

### Exemplo 6.3

Considere $B: \mathbb{R}^2 \times \mathbb{R}^2 \to \mathbb{R}$ definida por $B(u,v) = 2xx_1 + xy_1 + 3yx_1 + 4yy_1$, sendo $u = (x,y)$ e $v = (x_1, y_1)$. Vamos encontrar a forma matricial, sendo $e_1 = (1,0)$ e $e_2 = (0,1)$:

$$[B] = \begin{bmatrix} B(e_1,e_1) & B(e_1,e_2) \\ B(e_2,e_1) & B(e_2,e_2) \end{bmatrix}$$

$$B(e_1,e_1) = B((1,0),(1,0)) = 2,\ B(e_1,e_2) = B((1,0),(0,1)) = 1,$$

$$B(e_2, e_1) = B((0,1),(1,0)) = 3 \text{ e } B(e_2, e_2) = B((0,1),(0,1)) = 4$$

$$[B] = \begin{bmatrix} 2 & 1 \\ 3 & 4 \end{bmatrix}$$

$$B(u,v) = \begin{bmatrix} x & y \end{bmatrix} \begin{bmatrix} B(e_1,e_1) & B(e_1,e_2) \\ B(e_2,e_1) & B(e_2,e_2) \end{bmatrix} \begin{bmatrix} x_1 \\ y_1 \end{bmatrix}$$

$$B(u,v) = \begin{bmatrix} x & y \end{bmatrix} \begin{bmatrix} 2 & 1 \\ 3 & 4 \end{bmatrix} \begin{bmatrix} x_1 \\ y_1 \end{bmatrix}$$

Uma forma **bilinear** $B: V \times V \to \mathbb{R}$ é **simétrica** se, para quaisquer $v_1, v_2 \in V$, tem-se $B(v_1, v_2) = B(v_2, v_1)$. Se a matriz associada à forma bilinear $B: V \times V \to \mathbb{R}$ for simétrica, então a forma bilinear é simétrica. Se a forma é bilinear simétrica, então a matriz associada a ela é uma matriz simétrica.

### Exercício resolvido

Considere $B: \mathbb{R}^3 \times \mathbb{R}^3 \to \mathbb{R}$, definida por $B(u,v) = B((x,y,z),(x_1,y_1,z_1)) = xx_1 - xz_1 + 3yy_1 + 2yz_1 - zx_1 + 2zy_1 + 4zz_1$. Verifique que a forma é simétrica e encontre a matriz de $B$.

**Resolução**

Para mostrar que a forma é simétrica, temos que mostrar que $B(u,v) = B(v,u)$. De fato:

$$B(u,v) = xx_1 - xz_1 + 3yy_1 + 2yz_1 - zx_1 + 2zy_1 + 4zz_1$$

$$B(v,u) = x_1 x - x_1 z + 3y_1 y + 2y_1 z - z_1 x + 2z_1 y + 4z_1 z$$

Logo, $B(u,v) = B(v,u)$.

Vamos encontrar a matriz, sendo $e_1 = (1,0,0)$, $e_2 = (0,1,0)$ e $e_3 = (0,0,1)$.

$$[B] = \begin{bmatrix} B(e_1,e_1) & B(e_1,e_2) & B(e_1,e_3) \\ B(e_2,e_1) & B(e_2,e_2) & B(e_2,e_3) \\ B(e_3,e_1) & B(e_3,e_2) & B(e_3,e_3) \end{bmatrix} = \begin{bmatrix} 1 & 0 & -1 \\ 0 & 3 & 2 \\ -1 & 2 & 4 \end{bmatrix}$$

Observe que a matriz de $[B]$ é uma matriz simétrica.

Considere uma forma bilinear $B: V \times V \to \mathbb{R}$ e a base $\beta$ de V diferente da base canônica. Sejam $[B]$ a matriz de B, $[B_\beta]$ a matriz de B na base $\beta$, temos $[B_\beta] = [P]^t [B][P]$, de modo que $[P]$ é a matriz da passagem da base canônica para base $\beta$.

**Exercício resolvido**

Escreva a matriz da forma bilinear do último exercício resolvido na base {(1, 1, 0), (0, 1, 2), (1, 0, 1)}.

**Resolução**

Do exemplo anterior, temos:

$$[B] = \begin{bmatrix} 1 & 0 & -1 \\ 0 & 3 & 2 \\ -1 & 2 & 4 \end{bmatrix}$$

A matriz de passagem é a seguinte:

$$[P] = \begin{bmatrix} 1 & 0 & 1 \\ 1 & 1 & 0 \\ 0 & 2 & 1 \end{bmatrix}$$

Logo, $[B_\beta] = [P]^t [B][P]$.

$$[B_\beta] = \begin{bmatrix} 1 & 1 & 0 \\ 0 & 1 & 2 \\ 1 & 0 & 1 \end{bmatrix} \begin{bmatrix} 1 & 0 & -1 \\ 0 & 3 & 2 \\ -1 & 2 & 4 \end{bmatrix} \begin{bmatrix} 1 & 0 & 1 \\ 1 & 1 & 0 \\ 0 & 2 & 1 \end{bmatrix} = \begin{bmatrix} 4 & 5 & 2 \\ 5 & 27 & 8 \\ -1 & 2 & 4 \end{bmatrix}$$

## 6.2 Formas quadráticas

Considere V um espaço vetorial real e $B: V \times V \to \mathbb{R}$ uma forma bilinear simétrica. A função $Q: V \to \mathbb{R}$, de modo que $Q(v) = B(v, v)$, é uma **forma quadrática** associada à forma bilinear B.

Em termos de matrizes, temos:

$$Q(v) = [v]^t [B][v]$$

$[v]^t$ representa a matriz linha do vetor v, $[B]$ representa a matriz associada à forma bilinear B; como B é simétrica, a matriz será simétrica, e $[v]$ é a matriz coluna do vetor v.

## Exercício resolvido

Considere $Q: \mathbb{R}^2 \to \mathbb{R}$ a forma quadrática definida por $Q(v) = 2x^2 - 4xy + y^2$, de modo que $v = (x, y)$. Escreva Q em termos de matrizes.

### Resolução

Para encontrar Q em termos de matrizes, temos a seguinte equação:

$$Q(v) = \begin{bmatrix} x \\ y \end{bmatrix} \begin{bmatrix} a & b \\ b & c \end{bmatrix} \begin{bmatrix} x & y \end{bmatrix} = ax^2 + 2bxy + cy^2$$

Então, $Q(v) = ax^2 + 2bxy + cy^2 = 2x^2 - 4xy + y^2$. Assim:

$$\begin{cases} a = 2 \\ 2b = -4 \\ c = 1 \end{cases}$$

Portanto, $a = 2$, $b = -2$ e $c = 1$; substituindo os dados na matriz, temos:

$$Q(v) = \begin{bmatrix} x \\ y \end{bmatrix} \begin{bmatrix} 2 & -2 \\ -2 & 1 \end{bmatrix} \begin{bmatrix} x & y \end{bmatrix}$$

## Exemplo 6.4

Seja $Q: \mathbb{R}^2 \to \mathbb{R}$ uma forma quadrática definida por $Q(v) = Ax^2 + Bxy + Cy^2$, considerando que A, B e C são reais quaisquer e $v = (x, y)$. Encontre Q em termos de matrizes.

Para encontrar Q em termos de matrizes, temos a seguinte equação:

$$Q(v) = \begin{bmatrix} x \\ y \end{bmatrix} \begin{bmatrix} a & b \\ b & c \end{bmatrix} \begin{bmatrix} x & y \end{bmatrix} = ax^2 + 2bxy + cy^2$$

Então, $Q(v) = ax^2 + 2bxy + cy^2 = Ax^2 + Bxy + Cy^2$. Assim:

$$\begin{cases} a = A \\ 2b = B \\ c = C \end{cases}$$

Portanto, $a = A$, $b = \dfrac{B}{2}$ e $c = C$. Substituindo os dados na matriz, temos:

$$Q(v) = \begin{bmatrix} x \\ y \end{bmatrix} \begin{bmatrix} A & \frac{B}{2} \\ \frac{B}{2} & C \end{bmatrix} \begin{bmatrix} x & y \end{bmatrix}$$

**Exercício resolvido**

Considere $Q: \mathbb{R}^3 \to \mathbb{R}$ uma forma quadrática definida por $Q(v) = x^2 + 2y^2 + 6z^2 - 8xz + 20yz$. Escreva a forma quadrática em termos de matrizes.

**Resolução**

$$Q(v) = \begin{bmatrix} x & y & z \end{bmatrix} \begin{bmatrix} a & b & c \\ b & d & e \\ c & e & f \end{bmatrix} \begin{bmatrix} x \\ y \\ z \end{bmatrix} = ax^2 + dy^2 + fz^2 + 2bxy + 2cxz + 2eyz$$

Devemos ter $Q(v) = ax^2 + dy^2 + fz^2 + 2bxy + 2cxz + 2eyz = x^2 + 2y^2 + 6z^2 - 8xz + 20yz$. Assim:

$$\begin{cases} a = 1 \\ d = 2 \\ f = 6 \\ 2b = 0 \\ 2c = -8 \\ 2e = 20 \end{cases}$$

Portanto, temos $a = 1, b = 0, c = -4, d = 2, e = 10$ e $f = 6$. Substituindo os dados na matriz, temos:

$$Q(v) = \begin{bmatrix} x & y & z \end{bmatrix} \begin{bmatrix} 1 & 0 & -4 \\ 0 & 2 & 10 \\ -4 & 10 & 6 \end{bmatrix} \begin{bmatrix} x \\ y \\ z \end{bmatrix}$$

### 6.2.1 Diagonalização das formas quadráticas

Uma matriz $[A]$ é diagonalizável se existe uma matriz ortogonal $[P]$ tal que $[P^t][A][P] = [D]$, de modo que a matriz diagonal $[D]$ tem em sua diagonal os autovalores de $[A]$. Seja a forma quadrática $Q: V \to \mathbb{R}$, sempre existe uma base ortonormal de V tal que a matriz de Q é uma matriz diagonal. Como [B] é simétrica, então é diagonalizável. Sendo $[P]$ formada pelos autovetores normalizados (norma 1), [P] é ortogonal e $[P^t][B][P] = [D]$. Dessa maneira, a matriz $[D]$ é a matriz diagonal associada à forma quadrática Q, de modo que sua diagonal é formada pelos autovalores de [B]. Observe que [D] é a matriz de B na base ortonormal formada pelos autovetores.

### Exemplo 6.5

Considere $Q: \mathbb{R}^2 \to \mathbb{R}$ uma forma quadrática definida hpor $Q(v) = x^2 + 8xy + y^2$. Encontre a matriz diagonal associada a Q.

Em termos de matrizes, vimos que, substituindo os valores A = 1, B = 8 e C = 1, temos:

$$Q(v) = \begin{bmatrix} x \\ y \end{bmatrix} \begin{bmatrix} 1 & 4 \\ 4 & 1 \end{bmatrix} \begin{bmatrix} x & y \end{bmatrix}$$

Vamos encontrar os autovalores de [B]:

$$\begin{vmatrix} 1-\lambda & 4 \\ 4 & 1-\lambda \end{vmatrix} = 0$$

Assim, $\lambda^2 - 2\lambda - 15$; logo, tem-se $\lambda_1 = -3$ e $\lambda_2 = 5$. Os autovetores associados são os seguintes: para $\lambda_1 = -3$, temos (–1,1) e para $\lambda_2 = 5$ temos o autovetor (1,1). Vamos deixar os autovetores com norma 1, então $\dfrac{(-1,1)}{\|(-1,1)\|} = \left(-\dfrac{1}{\sqrt{2}}, \dfrac{1}{\sqrt{2}}\right)$ e $\dfrac{(1,1)}{\|(1,1)\|} = \left(\dfrac{1}{\sqrt{2}}, \dfrac{1}{\sqrt{2}}\right)$. A matriz ortogonal [P] é, então:

$$[P] = \begin{bmatrix} -\dfrac{1}{\sqrt{2}} & \dfrac{1}{\sqrt{2}} \\ \dfrac{1}{\sqrt{2}} & \dfrac{1}{\sqrt{2}} \end{bmatrix}$$

Portanto, a matriz diagonal para a forma quadrática é a seguinte:

$$Q((x,y)) = [P]^t [B][P] = \begin{bmatrix} -\dfrac{1}{\sqrt{2}} & \dfrac{1}{\sqrt{2}} \\ \dfrac{1}{\sqrt{2}} & \dfrac{1}{\sqrt{2}} \end{bmatrix} \begin{bmatrix} 1 & 4 \\ 4 & 1 \end{bmatrix} \begin{bmatrix} -\dfrac{1}{\sqrt{2}} & \dfrac{1}{\sqrt{2}} \\ \dfrac{1}{\sqrt{2}} & \dfrac{1}{\sqrt{2}} \end{bmatrix} = \begin{bmatrix} -3 & 0 \\ 0 & 5 \end{bmatrix}$$

A matriz da forma quadrática na base $\left\{\left(-\dfrac{1}{\sqrt{2}}, \dfrac{1}{\sqrt{2}}\right), \left(\dfrac{1}{\sqrt{2}}, \dfrac{1}{\sqrt{2}}\right)\right\}$ é $\begin{bmatrix} -3 & 0 \\ 0 & 5 \end{bmatrix}$. Assim,

$$Q((x_1, y_1)) = \begin{bmatrix} x_1 & y_1 \end{bmatrix} \begin{bmatrix} -3 & 0 \\ 0 & 5 \end{bmatrix} \begin{bmatrix} x_1 \\ y_1 \end{bmatrix} = -3x_1^2 + 5y_1^2.$$

Observe que escrever a matriz diagonal da forma quadrática Q é mudar a base, o referencial, e escrever uma nova equação para Q, apenas como soma de quadrados das novas variáveis, ou seja, eliminamos o termo misto, que no exemplo é 8xy. As novas variáveis relacionam-se com as anteriores pela igualdade $[v]=[P][v_1]$.

> **Pense a respeito**
>
> Há outros métodos para eliminar os termos mistos, chamados de Redução de Lagrange e Redução de Kronecker. Para saber mais sobre esses métodos, consulte o livro de Anton e Busby.
>
> ANTON, H.; BUSBY, R. C. **Álgebra linear contemporânea**. Tradução de Claus Ivo Doering. Porto alegre: Bookman, 2006.

## 6.3 Cônicas e quádricas

Em geometria analítica, estudamos os aspectos geométricos das formas cônicas, em especial as elipses, as hipérboles e as parábolas. As superfícies quádricas são usadas em cálculo, dentre outras áreas importantes. Estudaremos, nesta seção, a parte algébrica das formas cônicas e quádricas, relacionando-as com as formas quadráticas.

Estando no espaço $\mathbb{R}^2$, a equação da forma $Ax^2 + Bxy + Cy^2 + Dx + Ey + F = 0$, de modo que $A, B, C, D, E$ e $F$ são números reais e $A$ ou $B$ ou $C$ é diferente de 0, e chamada de *cônica*. Podemos associar a equação da cônica com a forma quadrática $Q(x,y) = Ax^2 + Bxy + Cy^2$ e com a forma linear $L(x,y) = Dx + Ey$ e a constante F. Assim, escrevemos a cônica do seguinte modo:

$$Q(x,y) + L(x,y) + F = 0$$

Vejamos alguns exemplos de cônicas centralizadas na origem (0,0).

**Figura 6.1** – Cônicas

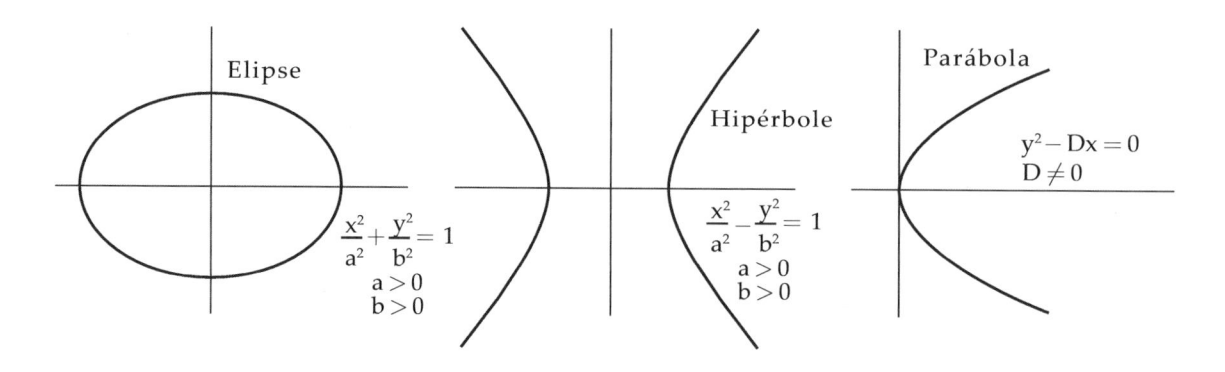

Elipse: $\dfrac{x^2}{a^2} + \dfrac{y^2}{b^2} = 1$, $a > 0$, $b > 0$

Hipérbole: $\dfrac{x^2}{a^2} - \dfrac{y^2}{b^2} = 1$, $a > 0$, $b > 0$

Parábola: $y^2 - Dx = 0$, $D \neq 0$

## Exemplo 6.6
Encontre em cada item indicado a seguir a forma quadrática associada à cônica dada:

**a.** A elipse de equação $\dfrac{x^2}{9}+\dfrac{y^2}{5}=1$.

A forma quadrática associada é $Q(x,y)=\dfrac{x^2}{9}+\dfrac{y^2}{5}$. Então, $A=\dfrac{1}{9}$, $B=0$, $C=\dfrac{1}{5}$, $D=0$, $E=0$. O termo independente é $F=-1$.

**b.** A hipérbole de equação $\dfrac{x^2}{16}-\dfrac{y^2}{25}=1$.

A forma quadrática associada é $Q(x,y)=\dfrac{x^2}{16}-\dfrac{y^2}{25}$. Então, $A=\dfrac{1}{16}$, $B=0$, $C=\dfrac{1}{25}$, $D=0$, $E=0$. O termo independente é $F=-1$.

**c.** A parábola de equação $y^2=2x$.

A forma quadrática associada é $Q(x,y)=y^2$. Então, $A=0$, $B=0$, $C=1$, $D=-2$, $E=0, F=0$. A linear é $L(x,y)=-2x$.

**d.** A elipse de equação $3x^2+4y^2-12=0$.

A forma quadrática associada é $Q(x,y)=3x^2+4y^2$. Então, $A=3$, $B=0$, $C=4$, $D=0$, $E=0$. O termo independente é $F=-12$.

**e.** A forma cônica de equação $2x^2+4xy+y^2+3x-y+4=0$.

A forma quadrática associada é $Q(x,y)=2x^2+4xy+y^2$. Então, $A=2$, $B=4$, $C=3$, $D=0$, $E=-1$. A linear é $L(x,y)=3x-y$. O termo independente é $F=4$.

**f.** A cônica de equação $5x^2+6xy+y^2-2=0$.

A forma quadrática associada é $Q(x,y)=5x^2+6xy+y^2$. Então, $A=5$, $B=6$, $C=1$, $D=0$, $E=0$. O termo independente é $F=-2$.

Para as cônicas não centradas na origem, podemos vê-las como cônicas que sofreram translação ou rotação, mudando assim seu centro e seus eixos de referências, sua base. Essas transformações, translação e rotação, estão relacionadas aos termos lineares (translação) e mistos (rotação).

## Exemplo 6.7
Considere a cônica $8x^2+26y^2-16x-78y+81=0$. Determine qual é a cônica descrita por essa equação.

Como não temos o termo misto (Bxy), precisamos eliminar os termos lineares: $-16x-78y$. Para isso, vamos completar quadrados:

$$4x^2+13y^2-16x-78y+81=0$$

$$4(x-2)^2+13(y-3)^2-52=0$$

Dividindo a equação por 52, temos:

$$\frac{(x-2)^2}{13} + \frac{(y-3)^2}{4} = 1$$

A equação representa uma elipse e com centro no ponto (2,3).

Podemos completar quadrados da seguinte maneira: os termos lineares significam que a cônica sofreu uma translação, apenas, pois não há termo misto. Dessa maneira, a cônica pode ser escrita como $a(x-c)^2 + b(y-d)^2 + e = 0$, de modo que (c,d) é o novo centro. Desenvolvendo os cálculos, temos:

$$ax^2 - 2ac + ac^2 + by^2 - 2bdy + bd^2 + e = 0$$

Igualando os termos correspondentes com $4x^2 + 13y^2 - 16x - 78y + 81 = 0$, encontramos a = 4, b = 13, c = 2, d = 3, e = –52. Obtemos, assim, a seguinte equação: $4(x-2)^2 + 13(y-3)^2 - 52 = 0$. Veja a representação gráfica da equação na figura a seguir.

**Figura 6.2** – Elipse

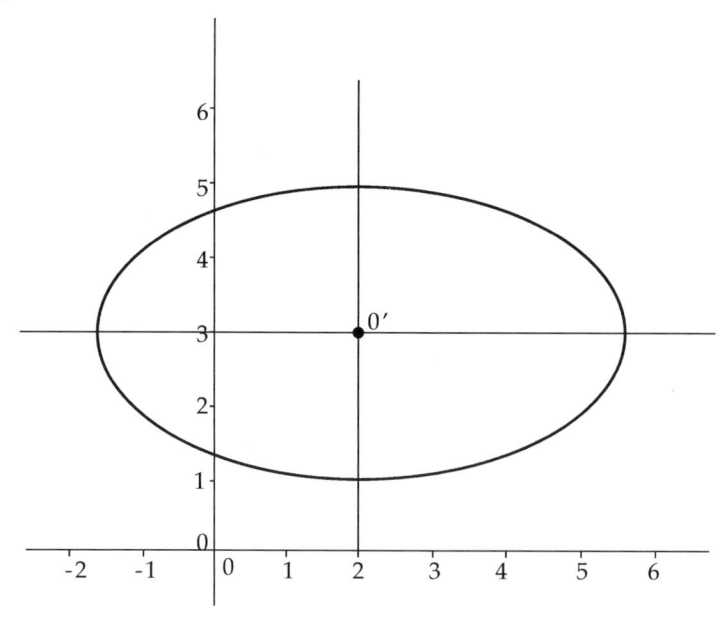

Agora, vamos para o caso com rotação. Para isso, vamos usar o fato de a cônica $Ax^2 + Bxy + Cy^2 + Dx + Ey + F = 0$ poder ser escrita como $Q(x,y) + L(x,y) + F = 0$, de modo que $Q(x,y) = Ax^2 + Bxy + C^2$, $L(x,y) = Dx + Ey$. Escrevendo com matrizes, temos, da seção anterior, que $Q(x,y) = Ax^2 + Bxy + Cy^2$ corresponde à matriz $\begin{bmatrix} A & \frac{B}{2} \\ \frac{B}{2} & C \end{bmatrix}$. Também estudamos a linear e podemos escrever $L(x,y) = Dx + Ey = \begin{bmatrix} D & E \end{bmatrix} \begin{bmatrix} x \\ y \end{bmatrix}$. Dessa maneira, podemos escrever a cônica $Q(x,y) + L(x,y) + F = 0$ do seguinte modo:

$$\begin{bmatrix} x & y \end{bmatrix} \begin{bmatrix} A & \frac{B}{2} \\ \frac{B}{2} & C \end{bmatrix} \begin{bmatrix} x \\ y \end{bmatrix} + \begin{bmatrix} D & E \end{bmatrix} \begin{bmatrix} x \\ y \end{bmatrix} + F = 0$$

Considere a cônica $x^2 + 4xy + y^2 + 3x - y + 4 = 0$. Determine qual é a cônica descrita por essa equação.

Podemos escrever a cônica como a soma $Q(x,y) + L(x,y) + F = 0$; temos $A = 1$, $B = 4$, $C = 1$, $D = 3$, $E = -1$, $F = 4$. Nas matrizes:

$$\begin{bmatrix} x & y \end{bmatrix} \begin{bmatrix} 1 & 2 \\ 2 & 1 \end{bmatrix} \begin{bmatrix} x \\ y \end{bmatrix} + \begin{bmatrix} 3 & -1 \end{bmatrix} \begin{bmatrix} x \\ y \end{bmatrix} + 4 = 0$$

Para eliminar o termo misto, vamos diagonalizar a forma quadrática. Para isso, precisaremos dos autovalores de $\begin{bmatrix} 1 & 2 \\ 2 & 1 \end{bmatrix}$:

$$\begin{vmatrix} 1-\lambda & 2 \\ 2 & 1-\lambda \end{vmatrix} = \lambda^2 - 2\lambda - 3$$

Os autovalores são $\lambda_1 = -1$ e $\lambda_2 = 3$. Os autovetores correspondentes são o seguintes:

$$\begin{bmatrix} 1 & 2 \\ 2 & 1 \end{bmatrix} \begin{bmatrix} x \\ y \end{bmatrix} = -1 \begin{bmatrix} x \\ y \end{bmatrix}, \begin{bmatrix} 1 & 2 \\ 2 & 1 \end{bmatrix} \begin{bmatrix} x \\ y \end{bmatrix} = 3 \begin{bmatrix} x \\ y \end{bmatrix}$$

Os autovetores são (–1,1) e (1,0); encontrando os autovetores com norma 1, temos $\left(-\frac{1}{\sqrt{2}}, \frac{1}{\sqrt{2}}\right)$ e $\left(\frac{1}{\sqrt{2}}, \frac{1}{\sqrt{2}}\right)$. Portanto, $Q(x_1, y_1) = \begin{bmatrix} x_1 & y_1 \end{bmatrix} \begin{bmatrix} -1 & 0 \\ 0 & 3 \end{bmatrix} \begin{bmatrix} x_1 \\ y_1 \end{bmatrix}$.

Escrevendo $(x,y)$ na base formada pelos autovetores ortonormais, ou seja, em termos de $(x_1, y_1)$, a relação é dada por:

$$\begin{bmatrix} x \\ y \end{bmatrix} = \begin{bmatrix} -\frac{1}{\sqrt{2}} & \frac{1}{\sqrt{2}} \\ \frac{1}{\sqrt{2}} & \frac{1}{\sqrt{2}} \end{bmatrix} \begin{bmatrix} x_1 \\ y_1 \end{bmatrix}$$

Na equação:

$$[x \quad y]\begin{bmatrix}1 & 2 \\ 2 & 1\end{bmatrix}\begin{bmatrix}x \\ y\end{bmatrix} + [3 \quad -1]\begin{bmatrix}x \\ y\end{bmatrix} + 4 = 0$$

Substituindo os dados em termos da nova base, temos:

$$[x_1 \quad y_1]\begin{bmatrix}-1 & 0 \\ 0 & 3\end{bmatrix}\begin{bmatrix}x_1 \\ y_1\end{bmatrix} + [3 \quad -1]\begin{bmatrix}-\dfrac{1}{\sqrt{2}} & \dfrac{1}{\sqrt{2}} \\ \dfrac{1}{\sqrt{2}} & \dfrac{1}{\sqrt{2}}\end{bmatrix}\begin{bmatrix}x_1 \\ y_1\end{bmatrix} + 4 = 0$$

Resolvendo as multiplicações de matrizes, temos:

$$-x_1{}^2 + 3y_1{}^2 - \frac{4x_1}{\sqrt{2}} + \frac{2y_1}{\sqrt{2}} + 4 = 0$$

Nessa equação, precisamos eliminar os termos lineares, desse modo, completando quadrados, temos:

$$-\left(x_1 + \sqrt{2}\right)^2 + 3\left(y_1 - \frac{\sqrt{2}}{6}\right)^2 + \frac{35}{6} = 0$$

Multiplicando a equação acima por $\left(-\dfrac{6}{35}\right)$, temos:

$$\frac{\left(x + \sqrt{2}\right)}{\dfrac{35}{6}} - \frac{\left(-\dfrac{\sqrt{\phantom{2}}}{6}\right)}{\dfrac{35}{18}} = 1$$

É uma hipérbole, conforme demonstra a figura a seguir.

**Figura 6.3** – Hipérbole

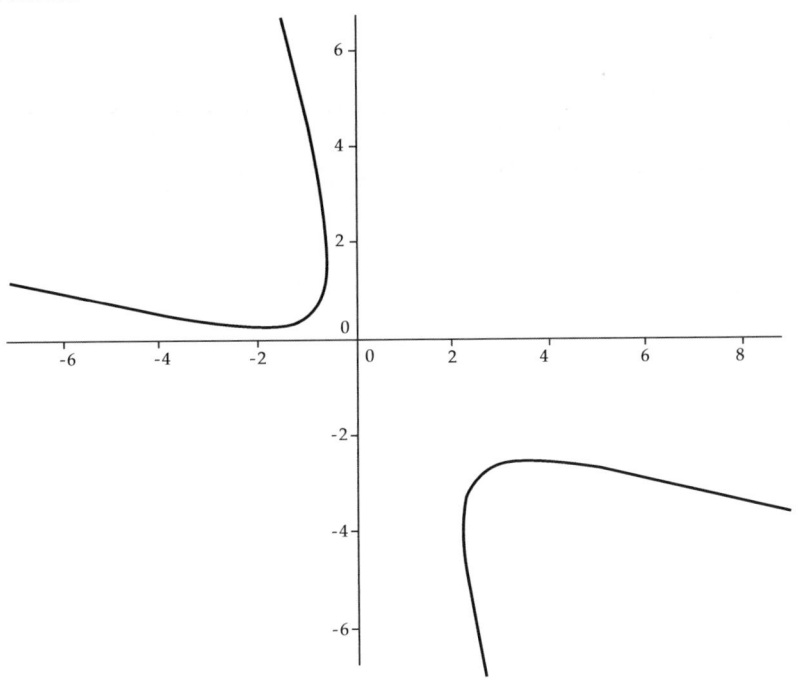

## Exemplo 6.8
Há um resultado para encontrarmos a cônica em termos dos autovalores da matriz [B] da forma quadrática associada à cônica, conforme indica o teorema a seguir.

### Teorema
Considere a cônica dada por $Ax^2 + Bxy + Cy^2 + Dx + Ey + F = 0$, e os autovalores $\lambda_1, \lambda_2$ da forma quadrática associada à cônica. Temos que:
- se $\lambda_1\lambda_2 > 0$, então a cônica é uma elipse ou um ponto ou o conjunto vazio;
- se $\lambda_1\lambda_2 < 0$, então a cônica é uma hipérbole ou par de retas concorrentes;
- se $\lambda_1\lambda_2 = 0$, então é uma parábola ou par de retas paralelas ou uma reta ou o conjunto vazio.

### Síntese
Neste capítulo, você estudou as funções com propriedades especiais, as formas bilineares e quadráticas e suas relações com matrizes. Além disso, comprendeu a relação entre os conteúdos vistos nos capítulos anteriores com o conteúdo visto em geometria analítica, observando a importância dos assuntos estudados e a relação entre as disciplinas.

## Atividades de autoavaliação

**1)** Analise as afirmações a seguir e indique se são verdadeiras (V) ou falsas (F):

( ) $B: \mathbb{R}^2 \times \mathbb{R}^2 \to \mathbb{R}$, dada por $B((x_1,x_2),(y_1,y_2)) = x_1y_1 - 2x_2y_2$, é uma forma bilinear.

( ) $B: V \times V \to \mathbb{R}$, dada por $B(u,v) = \langle u,v \rangle$, é uma forma bilinear.

( ) $B: \mathbb{R}^2 \times \mathbb{R}^2 \to \mathbb{R}$, dada por $B((x_1,x_2),(y_1,y_2)) = 2x_1y_1 + x_2y_1 + x_1y_2 + 2x_2y_2$, não é uma forma bilinear.

( ) $B: \mathbb{R}^2 \times \mathbb{R}^2 \to \mathbb{R}$, dada por $B((x_1,x_2),(y_1,y_2)) = 2x_2y_1 + 2x_1y_2$, é uma forma bilinear simétrica.

Assinale a alternativa que corresponde à sequência correta:

a. V, V, F, F.
b. V, V, F, V.
c. F, F, V, V.
d. F, V, V, F.

**2)** Indique quais das funções a seguir definidas de $\mathbb{R}^2 \times \mathbb{R}^2 \to \mathbb{R}$ são bilineares (B) e quais não são bilineares (NB), considerando $u = (x_1, x_2)$, $v = (y_1, y_2)$

( ) $T_1(u,v) = x_1y_1$

( ) $T_2(u,v) = x_1^2 + x_2y_1$

( ) $T_3(u,v) = x_1(y_1 + y_2)$

( ) $T_4(u,v) = x_1y_1 + x_2y_2 + 1$

Assinale a alternativa que corresponde à sequência correta:

a. NB, B, NB, NB.
b. B, NB, B, B.
c. B, NB, B, NB.
d. NB, B, NB, B.

3) Corresponda as formas bilineares, definidas em $\mathbb{R}^2 \times \mathbb{R}^2 \to \mathbb{R}$, sendo $u = (x_1, x_2)$, $v = (y_1, y_2)$, com as suas respectivas matrizes na base canônica:

I. $B_1(u,v) = x_1 y_2$

II. $B_2(u,v) = x_1 y_1 + x_1 y_2$

III. $B_3(u,v) = x_1 y_2 - x_2 y_1$

( ) $\begin{bmatrix} 1 & 1 \\ 0 & 0 \end{bmatrix}$

( ) $\begin{bmatrix} 0 & 1 \\ -1 & 0 \end{bmatrix}$

( ) $\begin{bmatrix} 0 & 1 \\ 0 & 0 \end{bmatrix}$

Assinale a alternativa que corresponde à sequência correta:

a. II, III, I.
b. I, II, III.
c. I, III, II.
d. II, I, III.

4) Considere $B: \mathbb{R}^2 \times \mathbb{R}^2 \to \mathbb{R}$ a forma bilinear definida por $B(u,v) = x_1 y_1 + 2x_1 y_2 - x_2 y_1 + x_2 y_2$, sendo $u = (x_1, x_2)$, $v = (y_1, y_2)$. As matrizes de B nas bases $\{(1,1),(1,-1)\}$ e $\{(2,3),(4,1)\}$ são, respectivamente:

a. $\begin{bmatrix} 3 & 3 \\ -3 & 1 \end{bmatrix}, \begin{bmatrix} 19 & 33 \\ 3 & 21 \end{bmatrix}$

b. $\begin{bmatrix} 3 & -3 \\ 3 & 1 \end{bmatrix}, \begin{bmatrix} 19 & 3 \\ 33 & 21 \end{bmatrix}$

c. $\begin{bmatrix} 3 & 3 \\ 1 & -3 \end{bmatrix}, \begin{bmatrix} 19 & 33 \\ 21 & 3 \end{bmatrix}$

d. $\begin{bmatrix} -3 & 3 \\ 3 & -1 \end{bmatrix}, \begin{bmatrix} 33 & 19 \\ 21 & 3 \end{bmatrix}$

**5)** Analise as afirmações a seguire e indique se são verdadeiras (V) ou falsas (F):

( ) $B(u,v) = x_1y_1 + 3x_2y_1 + 3x_1y_2$ é simétrica.
( ) Se $B(u,v) = 2x_2y_1 + 3x_1y_2$, então $B(u,v) = -B(v,u)$.
( ) $B(u,v) = 2x_1y_1 - x_2y_1 - x_1y_2 + 3x_2y_2$ não é simétrica.

Assinale a alternativa que corresponde à sequência correta:
**a.** F, V, F.
**b.** V, V, V.
**c.** F, F, V.
**d.** V, V, F.

## Atividades de aprendizagem

### Questões para reflexão

**1)** Encontre uma matriz para a forma quadrática $Q: \mathbb{R}^3 \to \mathbb{R}$, definida por $Q(x,y,z) = ax^2 + by^2 + cz^2 + dxy + eyz + fxz$, de modo que a, b, c, d, e, f são números reais.

**2)** Determine condições para os números a, b, c, d, e para que $B: \mathbb{R}^2 \times \mathbb{R}^2 \to \mathbb{R}$, $B(u,v) = ax_1y_1 + bx_2y_1 + cx_1y_2 + dx_2y_2$, para que $B(u,v) = B(v,u)$.

### Atividades aplicadas: prática

**1)** Faça um quadro de classificação das cônicas.

**2)** Pesquise sobre cônicas em livros de geometria analítica e faça um quadro comparativo com o estudo feito em álgebra linear.

# Considerações finais

Encerramos nossos estudos com a certeza de que você conheceu os principais assuntos da álgebra linear e de que adquiriu conhecimentos para aprofundar os estudos e buscar aplicações em outras áreas. Buscamos fundamentar bem os principais assuntos: matrizes, espaços vetoriais e transformações lineares, com diversos exemplos. Acreditamos que o material cumpriu os objetivos. Este é um texto para dar suporte aos alunos de graduação na modalidade EaD.

Apresentamos ferramentas para auxiliar os leitores nos estudos de cálculo, álgebra, geometria, física, estatística, no ensino de álgebra e aritmética para os alunos do ensino básico, entre outros assuntos. Os exemplos, os exercícios resolvidos e as atividades ao final de cada capítulo serviram para aprofundar e auxiliar no entendimento dos conteúdos abordados.

Encerramos com a convicção de que os conteúdos e a maneira como foram apresentados são suficientes para que você tenha conhecimento e possa aprofundar-se no tema da álgebra linear, sua importância e suas aplicações.

# Referências

ANTON, H.; BUSBY, R. C. **Álgebra linear contemporânea**. Tradução de Claus Ivo Doering. Porto alegre: Bookman, 2006.

AXIOMA. In: **Michaelis** – Dicionário de português online. Disponível em: <http://michaelis.uol.com.br/moderno/portugues/index.php?lingua=portugues-portugues&palavra=axioma>. Acesso em: 19 ago. 2016.

BOLDRINI, J. L. et al. **Álgebra linear**. 3. ed. São Paulo: Harbra, 1986.

CALLIOLI, C. A.; DOMINGUES, H. H.; COSTA, R. C. F. **Álgebra linear e aplicações**. 6. ed. São Paulo: Atual, 2003.

EVES, H. **Introdução à história da matemática**. 5. ed. Tradução de Hygino H. Domingues. Campinas: Ed. da Unicamp, 2011.

HEFEZ, A.; FERNANDEZ, C. S. **Introdução à álgebra linear**. Rio de Janeiro: Sociedade Brasileira de Matemática, 2012. v. 1.

HOFFMAN, K.; KUNZE, R. **Álgebra linear**. São Paulo: Polígono, 1971.

KILHIAN, K. Cayley e a teoria das matrizes. **O baricentro da mente**: matemática, física, ciências e afins, 28 nov. 2010a. Disponível em: <http://obaricentrodamente.blogspot.com.br/2010/11/cayley-e-teoria-das-matrizes.html>. Acesso em: 18 ago. 2016.

KILHIAN, K. Sistemas lineares e determinantes: origens de desenvolvimento. **O baricentro da mente**: matemática, física, ciências e afins, 28 nov. 2010b. Disponível em: <http://obaricentrodamente.blogspot.com.br/2010/11/cayley-e-teoria-das-matrizes.html>. Acesso em: 10 maio 2016.

LIMA, E. L. **Álgebra linear**. 3. ed. Rio de Janeiro: Impa, 1998.

STEINBRUCH, A.; WINTERLE, P. **Álgebra linear**. São Paulo: Pearson, 1987.

# Bibliografia comentada

BOLDRINI, J. L. et al. **Álgebra linear**. 3. ed. São Paulo: Harbra, 1986.

Esse livro apresenta, com uma linguagem simples e completa, os conteúdos de álgebra linear; sempre que possível apresenta aplicações e alguns conteúdos são iniciados com exemplos e aplicações para depois serem formalizados. É composto, também, por exercícios resolvidos e uma grande quantidade de exercícios com respostas no final do livro.

CALLIOLI, C. A.; DOMINGUES, H. H.; COSTA, R. C. F. **Álgebra linear e aplicações**. 6. ed. São Paulo: Atual, 2003.

O autor apresenta a álgebra linear com uma linguagem simples, sem rigor matemático. O livro traz muitos exemplos e exercícios com respostas e sugestões.

LIMA, E. L. **Álgebra linear**. 3. ed. Rio de Janeiro: Impa, 1998.

Esse livro apresenta os diversos assuntos de álgebra linear. Traz exemplos, exercícios e um conteúdo denso, mas escrito de forma estratégica para facilitar o entendimento. Traz um conteúdo mais teórico, mas o leitor não necessita ter conhecimento prévio do assunto. Trata-se de um excelente livro para o estudo de álgebra linear.

STEINBRUCH, A.; WINTERLE, P. **Álgebra linear**. São Paulo: Pearson, 1987.

O livro é composto pelos principais assuntos da álgebra linear, com exemplos e exercícios, traz algumas aplicações. É composto por uma quantidade significativa de exemplos e exercícios.

# Respostas

## CAPÍTULO 1

Atividades de autoavaliação
1) c
2) d
3) b
4) b
5) d
6) c

## CAPÍTULO 2

Atividades de autoavaliação
1) b
2) c
3) d
4) d
5) b

## CAPÍTULO 3

Atividades de autoavaliação
1) c
2) d
3) a
4) c
5) b

## CAPÍTULO 4

Atividades de autoavaliação
1) c
2) b
3) a
4) c
5) d

# CAPÍTULO 5

Atividades de autoavaliação
1) b
2) c
3) a
4) d
5) c

# CAPÍTULO 6

Atividades de autoavaliação
1) b
2) c
3) a
4) b
5) d

# Sobre a autora

**Luana Fonseca** é mestre em Matemática pela Universidade Federal do Paraná (UFPR) e bacharel e licenciada em Matemática pela mesma universidade. Atualmente leciona disciplinas relacionadas à geometria, álgebra, física e estatística em cursos de graduação.

Impressão:
Julho/2023